C 地图上的中国
HINA ON THE MAP

U0772637

博物馆品鉴

Museums in China

杨不易　著

五洲传播出版社

图书在版编目（ＣＩＰ）数据

地图上的中国．博物馆品鉴 ／ 杨不易著．－－ 北京 ：五洲传播出版社，2022.1

ISBN 978－7－5085－4586－8

Ⅰ．①地… Ⅱ．①杨… Ⅲ．①中国－概况②博物馆－介绍－中国 Ⅳ．①K92

中国版本图书馆CIP数据核字(2021)第222261号

审 图 号：GS（2021）8276号

博物馆品鉴

作　者：杨不易
图　片：图虫创意
出 版 人：关　宏
责任编辑：苏　谦
装帧设计：山谷有鱼　张伯阳

出版发行：五洲传播出版社
地　址：北京市海淀区北三环中路31号生产力大楼B座6层
邮　编：100088
电　话：010-82005927，82007837
网　址：www.cicc.org.cn, www.thatsbooks.com
印　刷：北京中石油彩色印刷有限责任公司
版　次：2022年5月第1版第1次印刷
开　本：1/20
印　张：6.9
字　数：100千
定　价：48.00元

前 言

要读懂一座城市，最直接、最有效的方式，就是从参观她的博物馆开始。那些安静陈列着的化石标本、历史文物和艺术品，就是这座城市最生动的呈现、最温情的讲述。而要了解一个国家，读懂她的历史文明，又何尝不是如此呢？

中国是世界四大文明古国之一，有着悠久而深厚的历史文化。在这片辽阔的土地上，中华民族创造了灿烂的中华文明，这是人类历史上唯一一个绵延5000多年至今未曾中断的文明。

要了解中国，读懂中华文明，最直观的方式，就是走进中国的博物馆。中国国家博物馆的藏品，从新石器时代的人面鱼纹彩陶盆，到青铜时代的后母戊鼎，直至记录中华人民共和国成立的《开国大典》藏品，系统呈现了中国的历史文化，以及中华民族的伟大复兴之路。而在故宫博物院，原本是皇家收藏的文化珍品面向全球公众开放，讲述着中国历史长河里最动人的故事……

同时，中国也是一个幅员辽阔、统一的多民族国家，文明起源呈现"多元一体"的特征。可以说，一部中国史，就是一部各民族交融汇聚成"多元一体"的中华民族的历史。灿烂的中华文明是各民族共同缔造和发展的成果。如远古时期，黄河中上游的仰韶文化，长江流域的良渚文化、河姆渡文化、宝墩文化、三星堆文化，北方辽河上游的红山文化等，无不呈现出独具一格的特点，又在漫长的发展中彼此影响、交融。

有人认为，最早的孔庙（曲阜孔庙）收藏了很多孔子的文献和遗物，这里就是中国的博物馆的雏形。而中国的现代博物馆的建立，是从20世纪初洋务运动开始的。1905年，张謇建立了中国人自己的第一座博物馆——南通博物苑。此后，各地博物馆陆续出现，以更好地保存、研究和展示国家的历史文明。

　　中国政府高度重视文化遗产的保护利用，不仅加大投入兴建各种博物馆，还充分利用现代科学技术让文物"活起来"，为公众带来更生动的陈列和展示。现在，各地国有博物馆大多向公众免费开放。同时，各地民营博物馆也蓬勃发展，以民间收藏为基础，从不同角度展示多姿多彩的中华文明。

　　据国家文物局统计，截至2020年底，全国登记备案的博物馆达到5788家，其中非国有博物馆1860家。而全国有11个省级行政区的博物馆数量超过了200家。一座座博物馆，就是一部部物化和具象化的中华文明发展史。

目　录

01

华北地区

中国国家博物馆

　　作为代表国家收藏、研究、展示、阐释中华文化代表性物证的最高机构，中国国家博物馆是世界上单体建筑面积最大的博物馆，现有藏品数量140余万件，涵盖古代文物、近现代文物、图书古籍善本、艺术品等多种门类。基本陈列设有"古代中国""复兴之路"和"复兴之路·新时代部分"，专题展览则包括中国古代青铜器、佛造像、玉器、瓷器、国礼、现代经典美术作品等。人面鱼纹彩陶盆、陶鹰鼎、后母戊鼎、四羊方尊、《开国大典》油画等镇馆之宝，是参观者不可错过的精彩藏品。

人面鱼纹彩陶盆 ⟩ 新石器时代半坡遗址之谜

　　人面的嘴角绘有鱼形纹，两耳处也各有一条鱼……这种在陶盆内壁，用黑彩描绘的人面和鱼纹混合图案，左右呈对称状，到底有什么寓意？两条头和身体都呈三角形的大鱼又代表了什么？1955年于陕西省西安市半坡仰韶文化遗址出土、藏于中国国家博物馆的这个神秘彩陶盆，一直

是人们想探究清楚的谜团。

仰韶文化（约前5000—前3000）是中国新石器时代最重要的考古学文化之一，分布于黄河中下游及边缘地区。人面鱼纹彩陶盆即属于这一文化时期。在考古发掘中，人们打开一座小孩的瓮棺顶盖，翻过来一看，发现它很像一个红色的盆，盆壁上还绘有黑彩的图案。这些图案十分精美，却又显得有些奇怪和神秘。

类似的彩陶盆，在半坡遗址出土了很多件。那么，这些人面鱼纹代表了什么意思呢？为什么要绘在瓮棺顶盖的内壁？专家们对此有多种看法，最广为流传的观点是，这可能是一种巫术。半坡人崇拜鱼图腾，因此巫师就装扮成鱼神附体的样子，来为夭折的孩子招魂。

不管怎么说，人面鱼纹彩陶盆称得上是中国最早的绘画作品，也是非常精美的彩陶艺术品，反映了新石器时代半坡人生活的一个侧面。

后母戊鼎 ┊ 已知中国古代最重的青铜器

在汉语中，有很多关于"鼎"的成语，比如，一言九鼎、问鼎中原、九鼎大吕等，都显得宏大而有气势。在中国远古时代，鼎只是一种普通的炊具。后来，随着青铜技术的成熟，用青铜铸造的鼎，慢慢发展为祭祀用的礼器。

有一个神话传说，最终赋予了"鼎"特殊意义。据说最擅长治水的夏朝（约前2070—前1600）开国国君禹，在治水成功之后，把天下分为九个州，并铸造了九只鼎来代表九个州。因此，九鼎成为国家权力至高无上、国家统一昌盛的象征，也成为国家最重要的礼器和传国重器。

　　中国国家博物馆所藏的后母戊鼎，高1.33米，重832.84千克，整体呈方形，布满精美的纹饰，是目前所知中国古代最重的青铜器。根据考古专家的鉴定，它铸造于商朝（约前1600—前1046）后期，是商王祖庚或祖甲为祭祀母亲而铸的鼎。后母戊鼎证实了商代晚期高超的青铜工艺，是中国青铜文化的代表。

　　后母戊鼎的得名，源自铸于鼎的腹部的"后母戊"三个字。最初专家们认为那个"后"字是"司"字，所以最初叫它"司母戊鼎"。直到20世纪70年代，古文字学家们对鼎上的铭文重新释义，才将它改名为"后母戊鼎"。

　　后母戊鼎于1939年在殷墟遗址附近，即河南安阳市武官村被一个农民发现。殷，是商代后期的都城，也是当时的政治、经济、文化、军事中心。

击鼓说唱陶俑 ❯ 欢快的"汉代第一俑"

这是一件汉代（前206—公元220）的俳优（古代演滑稽戏的艺人）陶俑，给人的第一印象，就是"快乐"！只见他袒胸露腹、两肩高耸，还光着脚，左臂环抱一只扁鼓，右手举槌欲击，不但神态诙谐、动作夸张，还笑得额头上起了皱纹……应该是表演到了精彩之处，让人仿佛看到他面前正开怀大笑的观众。

汉代，是中国封建社会的第一个强盛时期，经济发展，人们安居乐业，说唱表演在民间极为流行，以滑稽幽默的表演为主。当时的皇室贵族、豪富大吏流行蓄养俳优，随时带在身边取乐。

这件击鼓说唱陶俑于1957年出土于四川成都天回镇东汉崖墓，高56厘米，以泥质灰陶制成，人物面部表情丰富细腻，表现极富张力，是汉代说唱俑中最富神韵之作。

它不但具有极高的雕塑艺术水平，还传神地表现了百戏尤其是说唱这一曲艺形式在汉代的发展。在汉代，人们已经冲破了"周礼"的礼乐束缚，兴起了各种普通民众喜欢的民间艺术形式。

同时，它还富有浓厚的民间气息，展现了地方风貌。类似的陶俑在四川其他地方也有出土，说明当时在蜀地说唱表演非常流行。而人们也常以这件陶俑为例，来印证四川人乐观幽默的性格。

三彩釉陶载乐骆驼 〉见证丝绸之路的交流与融合

唐代（618—907）是中国封建社会的第二个强盛时期，无论是经济发展还是对外交流，都达到一个新的高度，有"盛唐"之称。出土于唐代国都长安（今陕西西安）郊区鲜于廉墓的三彩釉陶载乐骆驼，从一个侧面反映出当时世界各国的人们汇集于长安这个国际大都会的盛况。

这件三彩釉陶载乐骆驼由一头高58.4厘米的双峰骆驼和一个五人组的表演乐团构成。表演乐团成员有胡人，也有汉人，一人站立于驼背上跳舞，另外四人围坐在驼背上演奏。整个造型让人遐想无限，仿佛它所呈现的就是一支在长安繁华大街上边走边唱的乐队。而在陕西历史博物馆也收藏着一件类似的三彩骆驼载乐俑，只是骆驼背上的人物达到了八人之多。

　　在唐代，由于国际交流频繁，从丝绸之路传来很多异域舞蹈和音乐。中国的民间百戏包括杂技、武术、幻术等，与异域音乐舞蹈综合在一起，形成许多新的表演形式。像这种坐在骆驼上的综合了杂技和歌舞的表演，既具有较强的艺术性，又具有惊险刺激的特点，自然广受观众喜欢。

　　唐三彩是唐代独特的一种低温釉陶工艺，以绿、黄、蓝三色为主而得名。而这件三彩釉陶载乐骆驼是一件陪葬品，显而易见，墓主人是希望将活着时喜欢的东西死后带到阴间去继续享受。

故宫博物院

　　故宫，又名紫禁城，于1420年建成，是明清两个朝代24个皇帝生活的地方，已有600多年历史，是中国现存最大、最完整的木质结构古建筑群，被联合国教科文组织列为"世界文化遗产"。

　　故宫的建筑沿着一条南北向中轴线排列，并向两旁展开，左右对称，共有大小宫殿70多座、房屋8700余间。建筑总体上又分为外朝和内廷两部分。外朝的中心为太和殿、中和殿、保和殿，即所谓"三大殿"，建筑风格宏伟壮丽，殿内富丽堂皇，庭院明朗开阔，是举行重大典礼的地方。内廷的中心是乾清宫、交泰殿、坤宁宫，谓之"后三宫"，深邃紧凑，秩序井然，是皇帝

和皇后居住的寝宫。作为一个包含了中国古代建筑艺术独特风格的巨大古建筑群，故宫绝对值得细细品味。各种最高水平的中国传统建筑技艺和艺术，在这里都得到了充分的呈现。

在清朝灭亡之后，故宫于1925年被改建为博物院，是中国目前最大的博物馆。作为一个文物宝库，故宫博物院收藏有绘画、书法、铜器、陶器等各种文物180多万件，珍贵文物数不胜数。书画馆、陶瓷馆、珍宝馆、钟表馆、青铜馆等专馆，都设在各宫殿楼阁之内。而清代宫廷的历史遗物，则原状陈列于三大殿、后三宫和养心殿等处，如"正大光明"匾额下的皇帝宝座，就原样陈列于太和殿内，参观者可以直观地了解皇宫内曾经的生活情形。

清明上河图卷 〉 12 世纪中国城市生活风俗画卷

　　从城郊大路，到汴河两岸，再到城内街市，画幅总长达 528.7 厘米，如同现代航拍一般，细致而生动，全景式呈现北宋（960—1127）都城东京（今河南开封）的城市面貌和社会风俗……这幅北宋画家张择端的《清明上河图》被称为"中国十大传世名画"之一，也被奉为世界绘画史上的经典之作。

　　张择端是北宋末年的一名宫廷画家，长于工笔画，《清明上河图》是他进献给当时的皇帝宋徽宗赵佶的作品。一方面，他画出了皇帝治下的繁华盛世；另一方面，他也通过画里的细节向皇帝反映现实民情。这是一种提建议的方式。因为赵佶本人也是一位画家，能读懂这幅画的含义。

　　张择端运用高超的工笔技法，在画里呈现了丰富的内容，既有大视野下的原野、河流、城郭，也有精细描摹的人物神态、服饰褶皱。画面中，大街小巷，店铺林立，酒店、茶馆、点心铺，桥梁、货船、宅第，甚至路边茅棚都一一呈现。据说有人数过，画中的人物有 800 人之多，包含官员、农民、商人、僧道等各种职业和社会阶层，他们

或闲逛，或聊天，或赶路，或拉车，衣着举止皆各不相同。

作为一部现实主义风俗画，《清明上河图》具有很高的历史价值和艺术价值。这件家喻户晓的国宝很少公开展出，最近一次全卷铺开的公开展出是在 2015 年。

千里江山图 〉惊艳千年的天才少年绝笔之作

《千里江山图》是北宋末年另一位宫廷画家王希孟的作品，同样也是献给画家皇帝赵佶的。如果说《清明上河图》主要呈现城市风貌和社会风俗，那么《千里江山图》则着眼于大气高远的自然山水。

画《千里江山图》时，王希孟才 18 岁，在宫廷画院得到赵佶的亲自教授。

1113 年，王希孟用半年时间画出了《千里江山图》，几年后英年早逝，再无其他作品传世。

青绿山水，是一种中国画技法，以矿物颜料石青和石绿为主，不易败色，适合表现色泽艳丽的丘壑林泉。长近12 米的《千里江山图》便是一幅青绿山水画。

《千里江山图》既有写意画的纵笔挥洒，又有工笔画的工整细致，充满了少年勃发的雄心和宁静的细心。画面中，一方面，峰峦起伏，有绵延千里之势，而江河浩渺蜿行其间，非常有气势；另一方面，在细节上极度用心，无论是高崖飞瀑、山间小径，还是房屋村落、绿柳修竹，都精心描绘，连人物和水波都细细画出。而绵延的山势之间，又通过长桥、村落等进行巧妙的关联，使整幅画在大气磅礴的同时又轻盈灵动，完美呈现锦绣河山。

各种釉彩大瓶 〉 "瓷母"之美、国之瑰宝

清朝（1616—1911）中期的乾隆皇帝开创"乾隆盛世"，自称"十全老人"，喜欢搞集大成的完美之事。这件"各种釉彩大瓶"，就是这种心态下的产物。

乾隆时期，在督陶官唐英多年的苦心经营下，景德镇的制瓷技艺，尤其是御窑厂的技艺达到巅峰。历史上将唐英治下所产的瓷器称为"唐窑"。自信的乾隆皇帝决定做一件集历代技艺之大成的各种釉彩大瓶，以此来展示天朝上国的风范和胸怀。66岁的唐英接到这个命令，他善于揣摩圣意，身边又齐聚了当时最顶尖的瓷器匠人，最终促成了

这件各种釉彩大瓶的诞生。

　　各种釉彩大瓶高86.4厘米，整个瓶身从上而下共有15层纹饰，运用了17种施釉方法。使用的釉有仿哥釉、松石绿釉、窑变釉、粉青釉、霁蓝釉、仿汝釉、仿官釉、酱釉等。而在大瓶的腹部，绘有12幅开光图案，其中6幅为写实图画，工艺难度堪称历史最高。

　　这件有"瓷母"美称的各种釉彩大瓶，集各种高温、低温釉彩于一体，工艺繁复，虽然有"炫技"之意，却也是对传统技艺的传承，是中国制瓷工艺顶峰时期的集大成之作，展现了彼时清廷的自信心和包容性。

周口店遗址博物馆

　　1921年，奥地利古生物学家师丹斯基在周口店发现了两枚猿人的牙齿。1929年，中国古人类学家裴文中主持的考古团队，在周口店龙骨山发掘出第一颗完整的"北京猿人"头盖骨化石，由此把人类历史向前推进了50万年，轰动全世界。作为"北京人"的故乡，周口店遗址是全国重点文物保护单位，在1987年被联合国教科文组织列入《世界文化遗产名录》。周口店遗址博物馆位于周口店遗址南侧，馆藏文物7000多件，展出文物1000多件。

北京人头骨化石 〉现代中国人的直系祖先之一

　　身材矮小，颧骨较高，前额低平，面部和嘴巴向前突出，四肢和躯体基本与现代人相似，能够直立行走，使用天然火取暖和烤东西吃……1921—1927年，科学家在周口店先后发现三枚猿人的牙齿，并提出一个新的拉丁学名，翻译成中文为"北京中国人"或"中国人北京种"。

　　1929年，在北京周口店龙骨山上，中国古人类学家裴文中首次发现了完整的距今50万年的北京人头盖骨。1936年，中国考古学家又发掘出另外三个完整的北京人头盖骨和一个完整的人类下颌骨。1966年，考古人员再次进行发掘。在周口店遗址，考古人员共发现了不同时期的各类化石和文化遗物地点27处，出土人类化石200余件，还有各种石器、用火遗迹和动物化石等。

　　但是，目前已知仅存的北京人头骨化石，是1966年发现的两块头骨残片，分别是额骨和枕骨。而1927年至1937年在猿人洞中发现的5个头盖骨，在抗日战争期间的转运过程中神秘消失了，它们的去向至今仍是一个谜。

　　周口店遗址是70万年至20万年前的"北京人"、20万年至10万年前的早期智人、约4.2万年至3.85万年前的田

园洞人、3万年前左右的山顶洞人生活的地方，是世界上出土古人类遗骨和遗迹最丰富的遗址之一，也是重要的人类起源地之一。它证实中国的现代人类起源于本土的早期智人，而"北京中国人"就是现代中国人的直系祖先之一。

河北博物院

　　战国时期（前475—前221），燕国和赵国的国都都在现在的河北省境内。所以，人们向来以"燕赵"作为河北的别称。在这一块历史悠久的土地上，有着丰富的人文遗存。河北博物院有文物藏品15万件，以满城汉墓出土文物、河北古代四大名窑瓷器、元青花、石刻佛教造像以及抗日战争时期文物最具特色。有《石器时代的河北》《慷慨悲歌——燕赵故事》《大汉绝唱——满城汉墓》《河北商代文明》《战国雄风——古中山国》等常设展览。错金银四龙四凤方案、长信宫灯、错金博山炉、金缕玉衣等都是独具特色且极为珍贵的藏品。

刘胜窦绾金缕玉衣 〉 地下出土的汉代"情侣装"

　　喜欢《三国演义》的人，一定记得刘备的口头禅："吾乃中山靖王之后！"1968年出土于河北满城汉墓的这两件金缕玉衣，就是西汉（前206—公元25）中山靖王刘胜和他的王后窦绾死后穿的"寿衣"。

　　中山王刘胜是西汉第六任皇帝汉景帝刘启的儿子，封地治所就在河北定州。刘胜和其王后的墓地，出土了金缕玉衣、长信宫灯和错金博山炉等大量珍贵文物。

　　所谓金缕玉衣，是汉代规格最高的丧葬殓服，只有帝王家才有资格使用，即将玉片用金线连缀，制成人体形状的"衣服"来装殓尸体。人们相信，玉能保护尸骨不朽。其他贵族使用的玉衣，则用银线或铜线连缀而成，叫银缕玉衣或铜缕玉衣。

　　刘胜夫妇的两件金缕玉衣，是中国考古发掘中首次发现的，也是出土年代最早、最完整的玉衣，主要分为头罩、上衣、袖筒、手套、裤筒和鞋等六部分，可以分拆组合，堪称一套完美的"情侣装"。刘胜的玉衣共用玉片

2498片，金丝约1100克。窦绾的玉衣共用玉片2160片，金丝约700克。每一片玉都经过精心打磨、钻孔，再用金丝细心编缀，十分耗费人力、物力。

不过，当墓地被发掘时，墓主人的尸骨并没有因为玉衣保护而"不朽"，而是已经消失在漫长岁月中。

长信宫灯 ﹥中国最早的环保灯

长信宫灯出土于满城汉墓的2号墓，即王后窦绾的墓地，因为宫灯上有"长信"字样的铭文而得名。长信宫是汉代的宫殿名，一般指太后住的地方。中山靖王的祖母窦太后窦漪房就曾居住于此。所以有专家认为，此灯曾为窦太后所用，后辗转传到了窦氏族人窦绾手上。

长信宫灯是铜器，表面全部通过鎏金镀成金色，整体造型为一个跪坐着的宫女双手执灯，总高48厘米，宫女高44.5厘米，重15.85千克。宫灯由宫女头部、身躯、右臂，以及灯座、灯盘和灯罩六部分组成。

其巧妙之处，在于中空的宫女造型。宫女左手托住灯座，右手高举，衣袖笼在灯上成为灯罩，而右手臂则成为烟道。蜡烛插在灯盘中心，点燃后，烟尘通过右臂沉于中空的宫女体内，不会污染室内环境。而灯盘可以转动，灯盘上的两片弧形屏板可推动开合，用来调节灯光亮度和照射方向。宫灯上刻有"长信尚浴""阳信家"等铭文9处共65字。

长信宫灯的艺术设计极为精巧，且颇有环保意识，既美观又实用，被认为是中国工艺美术作品的巅峰之作，被誉为"中华第一灯"，曾两次被印在中国邮票上。

天津博物馆

天津，意为天子渡津之处，自古因水陆码头而兴。天津博物馆的前身可追溯到 1918 年成立的天津博物院。馆内现有古代青铜器、陶瓷器、书法、绘画、玉器、玺印、文房用具、甲骨等各类藏品近 20 万件，图书资料约 20 万册。常设有《天津人文的由来》（古代天津）、《中华百年看天津》（近代天津）和《耀世奇珍——馆藏文物精品陈列》3 个基本陈列展，以及书法、绘画、瓷器、玉器、吉祥文化、文房清供、民间艺术等 8 个文物艺术品专题陈列展。西周太保鼎、《雪景寒林图》、乾隆款珐琅彩芍药雉鸡纹玉壶春瓶被称为其三大镇馆之宝。

太保鼎 ❯ 独一无二的鼎界"颜值担当"

相传清朝咸丰年间（1851—1861），山东寿张县梁山的几个农民，在干农活时挖出七件商周时代的青铜器，个个器型庄严厚重，纹饰华丽繁缛，包括小臣艅犀尊、太保簋、大史右甗、太保鼎等，被称为"梁山七器"，一时引起轰动，成为各方收藏人士和社会势力追逐的对象。经过多年辗转，"梁山七器"四处流落，仅余一件尚在国内博物馆，它就是收藏于天津博物馆的太保鼎。

太保鼎是一个方鼎，高 57.6 厘米，长 35.8 厘米，宽 22.8 厘米，重 26 千克，是西周（前 1046—前 771）早期贵族所用的器物。鼎有四柱足，鼎口上铸有双立耳，耳上有浮雕双兽。鼎腹部四面均装饰蕉叶纹与饕餮纹。最独一无二的特征，是在鼎的柱足上装饰有扉棱，并在柱足中部装饰有圆盘。

鼎腹内壁铸有"大保铸"三字。大保即太保，所以它被命名为太保鼎。太保是西周的官职名，是周王的辅弼重臣，地位非常显赫。据专家考证，这个鼎是西周成王时的

重臣太保召公奭在成王允许下铸造的,是召公身份和地位的象征。

太保鼎纹饰优美,造型独特,铸造工艺精湛,历史价值与艺术价值极高,被戏称为"鼎界颜值担当",是少见的古代青铜艺术珍品。

山西博物院

　　山西省，简称"晋"。这个名字来源于西周初期大规模分封诸侯时，山西境内的主要诸侯国是晋国。山西博物院现有藏品50万余件，主要来源于20世纪20年代以来的考古出土和百年来的征集积累，尤以青铜、瓷器、石刻、佛教造像、壁画、书画等颇具特色。基本陈列以"晋魂"为主题，有文明摇篮、夏商踪迹、晋国霸业、民族熔炉、佛风遗韵、戏曲故乡、明清晋商 7 个历史文化专题。晋侯鸟尊、兽形觥、侯马盟书、青釉龙柄鸡首壶等精品文物备受关注。

晋侯鸟尊 ｜ 晋国霸业的开端

　　周成王与弟弟叔虞一起玩耍时，把一张桐叶剪成玉圭形状给叔虞，说："我拿这个封你。"这原本是个玩笑，但周公认为天子无戏言，于是成王只好把叔虞封到唐国，这就是著名的典故——桐叶封弟。后来，叔虞的儿子燮父将国号改为"晋"。晋国称霸春秋（前770—前476）达百年之久。至春秋晚期，晋国分裂为韩、赵、魏三国，一起称雄于战国时期，即所谓"三家分晋"。

　　晋侯鸟尊是盛酒的青铜礼器，出土于山西省曲沃县北赵村的晋侯墓地，其拥有者就是改唐为晋的第一代晋侯——燮父。

　　鸟与象是西周时期最流行的肖形装饰，尤受晋人喜爱。鸟尊以凤鸟回眸为主体造型。凤鸟的背上有一只小鸟依偎，是鸟尊器盖上的提手。而在凤尾下面则有一个象首，象鼻内卷上扬，与凤鸟的双腿形成尊的三足。整个鸟尊的构思和想象都很奇特，将造型艺术和实用功能完美结合。在鸟尊的盖内和腹底铸有铭文"晋侯作向太室宝尊彝"，表明这是晋侯宗庙祭祀的礼器。

  晋侯墓地出土了大批精美的青铜器、玉器等，许多青铜器的铭文都载有晋侯名号。山西博物院选择了晋侯鸟尊作为院徽。

内蒙古博物院

　　内蒙古自治区位于中国北部，以"天苍苍，野茫茫，风吹草低见牛羊"的大草原著称。内蒙古博物院始建于1957年，设有"远古世界""高原壮阔""地下宝藏""飞天神舟""草原烽火""草原风情""草原天骄""草原雄风"等八大基本陈列，着重反映内蒙古高原从远古"混沌初开"到草原文明起源、发展、升华的历史进程。藏品以古生物化石、契丹历史文物、蒙古族文物最具特色，匈奴王金冠、印金团花图案夹衫、鸟形双系彩绘陶壶、白釉提梁鸡冠壶、清明黄缎十二章绣龙袍等都是不可错过的精品。

匈奴王金冠 ＞ 迄今发现的唯一匈奴王金冠饰

　　中国是一个历史悠久的统一的多民族国家。在古代的北方草原，曾活跃着一支勇猛强悍的游牧民族——匈奴。匈奴在汉代时发展到高峰，但后来在与两汉政权的战争中渐渐处于弱势，在多次战败后，逐渐退出了历史舞台。

　　这件匈奴王金冠又被称为鹰顶金冠饰，属于战国时期文物，于1972年在鄂尔多斯市杭锦旗的匈奴墓地出土。当时村民在一个沙窝子里发现了这只王冠，险些将其当作普通金子处理。后来，考古专家对沙窝子重新发掘，才发现了这处匈奴墓地。

　　当时共出土200余件匈奴金银器，这是其中最为珍贵的一件，是匈奴王遗物。它由金冠顶和金冠带两部分组成。金冠顶的主体造型为一只展翅的雄鹰，站立在一个狼羊咬斗纹的半球状体上，俯瞰着大地。金冠带由3条半圆形金条榫卯插合而成，上有浮雕卧虎、卧式盘角羊和卧马造型，中间部分为绳索纹。

　　这是目前国内发现的唯一一件匈奴王金冠饰，体现出

独特的艺术构思和精巧细腻的金器制作工艺。冠顶雄鹰俯瞰、狼羊咬斗的造型，具有非常明显的游牧民族特点，反映了匈奴人勇猛强悍的性格和民风。

02

东北地区

黑龙江省博物馆

黑龙江省位于中国东北部。由女真族建立的金朝（1115—1234），早期都城设在上京会宁府（现哈尔滨市阿城区）。始建于1906年的黑龙江省博物馆，现有各类藏品约11万余件，基本陈列有"黑龙江历史文物陈列""自然陈列""邓散木书刻艺术陈列"。金代铜坐龙、金代齐国王墓丝织品服饰、南宋《蚕织图》、唐代渤海天门军之印、披毛犀骨架化石、南宋《兰亭序》图卷、平头鸭嘴龙骨架化石、金代人物故事镜、松花江猛犸象骨架化石、新石器时代桂叶形石器被评为该馆的"十大镇馆之宝"。

金代铜坐龙 〉金源文化的代表

1965年，哈尔滨市阿城一位农民在城墙边取土时，偶然挖出一尊高19.6厘米、重约2.1千克的铜坐龙。他把这个宝贝在家里藏了一段时间，再次拿出来欣赏时，居然听到它发出"呜呜"的鸣叫声，一时吓得不轻，赶紧交给了文物部门。没想到，这个铜坐龙是件国宝，是金朝的皇家用品。

铜坐龙用黄铜铸造而成，集龙、麒麟、狮、犬的形象于一身，无论是设计水平还是雕塑水平都很高。它有着兽面鹰嘴，但鹰嘴被拉成了三角状，鼻子是人鼻的形状，头顶鬃毛向后延伸到脊部。龙呈蹲坐式，龙首微微扬起，前左腿翘起，爪子如同鹰爪踏在瑞云上，前右腿略向前方直立，有点像一条狗的坐姿。这件铜坐龙可以说把几种动物的特点完美地结合在了一起。

龙，是华夏先民创造的一种独特的动物形象。崛起于白山黑水间的北方民族女真族建立了大金国，受到中原文化的影响，女真族也将龙作为王权的象征物。据专家考

证，这件铜坐龙是金代早中期皇室的用品，可能是皇帝车驾上的装饰品。它之所以能发出声响，是风吹过龙身上微小缝隙的结果。

　　铜坐龙是女真族历史的见证，更是中华民族多民族、多地域、多文明融合和发展的产物。

吉林省博物院

夏商周时代，今天的吉林省境内的古代民族开始与中原王朝建立具有隶属性质的贡纳关系，并逐渐成为中华民族的重要组成部分。1673年，清政府建吉林城，命名"吉林乌拉"，吉林由此得名。吉林省博物院现有文物藏品12万余件，其中高句丽、渤海、辽金时期的文物以及中国历代书法绘画、东北抗日联军文物在全国占有重要地位。北宋苏轼《洞庭春色赋·中山松醪赋》行书卷、南宋杨婕妤《百花图》卷、东汉错金银"丙午神钩"铜带钩、汉白玉耳杯、辽代银釉鸡冠壶等都是重要藏品。

辽代银釉鸡冠壶 ｜ 契丹民族史的缩影

辽（907—1125）是中国历史上由契丹族建立的政权，持续了218年，为金朝所灭。契丹族是古代游牧民族，发源于中国东北地区。而1975年出土于内蒙古自治区通辽市奈曼旗（时属吉林省）的瓷器——银釉鸡冠壶，就是辽代早中期的贵族用品，具有鲜明的游牧民族风格。

鸡冠壶，因提系部位像鸡冠的样子而得名。吉林省博物院所藏银釉鸡冠壶高25厘米，上方有马鞍状的双孔，供穿绳使用，壶体侧有皮条及针痕装饰。壶身两面有压划卷草纹，简洁明快，优美自然。壶身通体施绿釉，但却呈现出光艳悦目的银斑。有专家分析认为，这些银斑不是人为上的色，而是绿釉陶器与土壤中的物质发生化学反应产生的色泽。

鸡冠壶是辽瓷中的典型器物，让人想起游牧民族骑马时用的皮囊水壶。在后来的考古发掘中，还发现过类似的鸡冠壶，但只出现在辽代契丹贵族的墓中，平民百姓的墓中从来没有发现过，说明它属于贵族用品。显然，契丹人学会制作陶瓷器后，即便是制作家用瓷器，仍然坚持把皮

囊水壶作为原型，连花纹都力求保持原来的样子。这是一种马上民族文化传承的情怀。

辽宁省博物馆

　　辽宁省位于中国东北地区南部，曾是清王朝的发祥地。努尔哈赤在此统一东北各族诸部，于1616年建立了后金政权。1636年，皇太极改国号为"清"。辽宁省博物馆现有馆藏文物近12万件，以晋唐宋元书画、宋元明清缂丝刺绣、红山文化玉器、商周时期窖藏青铜器、辽代瓷器、历代碑志、明清版画、古地图、历代货币等最具特色和影响。红山文化玉猪龙、唐摹《王羲之一门书翰》、张旭草书《古诗四帖》、《虢国夫人游春图》、宋徽宗赵佶草书《千字文》等皆是精品。

万岁通天帖（唐摹《王羲之一门书翰》）
"书圣"家族书法传承

　　王羲之是东晋时期（317—420）的书法家，有"书圣"的美称，其代表作《兰亭序》被誉为"天下第一行书"。在书法史上，他与儿子王献之被合称为"二王"。

　　唐朝武则天万岁通天二年（697），王羲之的后裔王方庆进献其先祖王羲之、王献之父子并王氏一门28人法书真迹。但武则天只是命令弘文馆用勾填法临摹下来，然后将真迹还给了王方庆，叮嘱其好好保存。按武则天指示，中

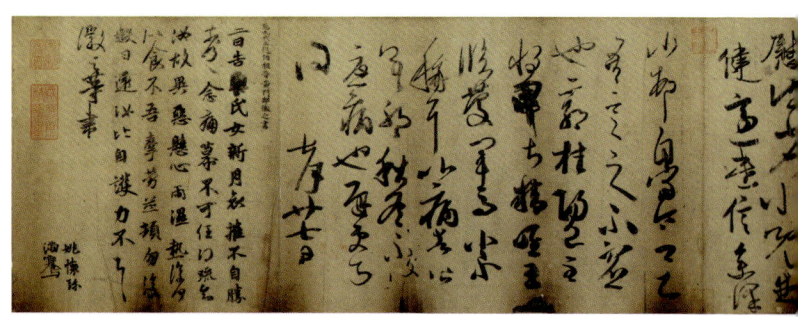

书舍人崔融还撰写了《王氏宝章集·叙》来记录这件事。

王方庆收回去的真迹早已不知所踪。当时的摹本共有28人书10卷，但只有王羲之、王荟、王徽之、王献之、王僧虔、王慈、王志7人法书摹本被流传了下来，称为"唐摹《王羲之一门书翰》"。因为署有"万岁通天"年款，又被称为《万岁通天帖》。1300多年来，由于在宫廷和民间辗转流传，先后在明代和清代两遭火劫，现存书卷留有较为严重的火焚痕迹。

《万岁通天帖》因勾摹技法精湛，极为精细地表现了原迹的面貌，从中可以看出魏晋南北朝之间书法的传承关系，故而是研究中国书体发展演变的珍贵资料，历来为世人所重视。

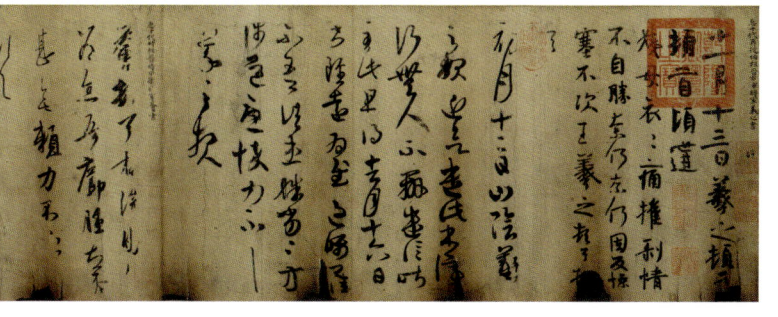

03

华中地区

河南博物院

　　河南地处黄河中下游，即历史上的"中原"地区，是中国古代文明发祥地之一，有"一部河南史，半部中国史"之称。河南博物院，号称"藏着半部中国史"，现有藏品17万余件（套），大多数为珍贵文物，其中以青铜器、玉石器、陶瓷器、石刻造像等最具特色。有基本陈列"中原古代文明之光"，专题陈列"中原古代石刻艺术""河南古代玉器馆""中原楚国青铜艺术""明清工艺珍宝"等，见证和展示了华夏文明起源、形成与发展脉络。妇好鸮尊、莲鹤方壶、云纹铜禁、贾湖骨笛、武则天金简等，俱是精品。

贾湖骨笛 〉世界上最早的可吹奏乐器

　　8000多年前的中国人，生活中有音乐吗？他们会制作乐器吗？使用什么样的乐器？贾湖骨笛的出土，证明在新石器时代早期，人类对音乐的理解和实践能力远超现代人的想象。

　　贾湖骨笛出土于距今约9000—7800年的河南舞阳县贾湖遗址。从不同的墓地中，共出土了40多支骨笛，有二孔、五孔、六孔、七孔和八孔的，其中大多数是七孔的，

分别可以吹奏标准的五声、六声和七声音阶，甚至还出现了变化音。而在这些骨笛出土之前，人们普遍认为在先秦时期，人类的音乐只有五声的调式。

贾湖骨笛是用丹顶鹤的尺骨制作而成的。通过精密的计算，制作者确定了音孔位置。这让专家们很好奇，8000多年前，在没有调音设备的情况下，人们是如何计算的？而丹顶鹤的尺骨极其坚硬，人们又是如何钻出细致圆整的音孔的呢？

考古专家们请来现代音乐家，尝试用贾湖骨笛进行演奏，发现可以吹奏民歌《小白菜》，甚至可吹奏一些有很多变化音的少数民族乐曲和外国乐曲。人们确定，贾湖骨笛不仅是中国年代最早的乐器实物，而且是世界上最早的可吹奏乐器，比古埃及出现的笛子还要早2000年。

妇好鸮尊 ｜ 见证"中华第一女将"的传奇一生

在甲骨文献中，有一个叫"妇好"的名字被频频提起。妇好，商王武丁的妻子，曾多次受命征战沙场，为商王朝开疆拓土立下汗马功劳。特别是在与鬼方羌人的大决战中，妇好率军取得大胜，成为中国文明历史进程的关键一战。妇好是中国历史上第一位有据可查的女将军、女英雄。

1976年，妇好的墓地在河南殷墟被发现，出土随葬器物1928件。其中有一对"妇好鸮尊"，目前分别藏于中国国家博物馆和河南博物院。河南博物院这件鸮尊通高49.5厘米，重16.7千克。

鸮，即猫头鹰，在古代中国被视为"战神"，而尊是一种盛酒礼器。妇好鸮尊整体造型就是一只站立状的猫头

鹰，圆眼宽喙，双翅并拢，两足粗壮有力，通体都是繁缛而精细的纹饰，可谓英姿飒爽、雄壮威武，正配得上妇好这位女"战神"的形象。在尊的内壁，有铭文"妇好"二字。这件盛酒礼器是妇好的用品，可能与同时出土的龙纹大钺、虎纹大钺一样，都是商王武丁因为战功赐予妇好的。

这只鸮尊可谓妇好的"代言人"，再现了这位古代女性的传奇人生。

云纹铜禁 〉见证中国第一个"禁酒时代"

传说夏、商两代亡国，都是因为王公贵族沉迷于酒色。所以周王室总结前朝教训，发布了禁酒令——《酒诰》。从王公贵族到平民百姓，《酒诰》对其饮酒都作出严格规定，不得非礼饮酒，否则会受到严罚甚至会丢掉性命。这是中国历史上第一个"禁酒时代"。

如今香烟的包装盒上，都会有"吸烟有害健康"的提示，而这个春秋时代晚期的"云纹铜禁"也有类似的功能。所谓"禁"，是放置酒器的案子。其用途有两个，一是放酒器，二是提醒饮酒者不要违令饮酒，不要嗜酒无度。

云纹铜禁由禁体、12条龙形附兽、12条龙形座兽三部分组成，整体呈长方形，构思奇特，尤其是12条龙形附兽昂首鼓腹翘尾，十分生动。其复杂的造型和精美的制作，让今人叹为观止。它是中国用失蜡法铸造的最早的铜器。失蜡法是一种青铜器等金属器物的精密铸造方法，大概流程是：先用蜡做成铸件的模型，再用耐火材料填充泥芯和敷成外范。然后加热，让蜡熔化流掉，使整个铸件模型变成空壳。再往里面浇灌金属熔液，最后铸成器物。失蜡法在现代工业中仍在使用，主要用于铸造金属铸件等。

　　"云纹铜禁"于1978年在河南淅川出土，它证明了"失蜡法"不是舶来品，而是中国传统铸造技术。它不仅有很高的文化价值，也有极大的科技史价值。

武则天金简 ▷ 现存唯一属于武则天的文物

　　中国历史上只出过一个正统的女皇帝，那就是武则天。关于女皇武则天的记载和传说都很多，但直接跟她有关的文物却几乎没留下一件。1982年，一位农民在嵩山峻极峰捡到一片金简，这也成为现存的唯一一件属于武则天的文物。

　　所谓金简，其实是一块制作精美的"金片"。它长36.2厘米，宽8厘米，厚不到0.1厘米。金简上用漂亮的双钩小楷，精细錾刻了铭文3行63字，大意是说，大周国主武曌好乐真道长生神仙，特意在中岳嵩山山门投金简一通，乞求三官九府消除武曌的罪名。曌，是武则天造的一个字，专门用来做她自己的名字。而"除罪名"是套话，本意就是希望神仙了解她的诚意。

　　专家们研究后还原了这片金简的由来。在久视元年（700）七月七日乞巧节，女皇武则天派道士胡超来到嵩山中峰（武则天嵩山封禅的地方），代其投下金简向"三官九

府"（神仙各界）祈福，助她实现做"长生神仙"的梦想。晚年的武则天对道教神仙世界充满向往，这片金简，就是她写给仙界的一封"表白信"。

　　这件罕见的金简，是武则天崇仙仰道思想的直接物证，也是了解武周时期社会状况的宝贵资料。

殷墟博物馆

　　殷墟因甲骨文的发掘而闻名于世，是中国至今第一个有文献可考并为考古学所证实的都城，由殷墟王陵遗址、殷墟宫殿宗庙遗址、洹北商城遗址、甲骨窖穴等构成。1928年，殷墟正式开始考古发掘，出土了大量都城建筑遗址和以甲骨文、青铜器为代表的丰富的文化遗存，系统地展现了中国商代晚期辉煌灿烂的青铜文明。殷墟先后出土有字甲骨约15万片，这些甲骨文中所记载的资料，将中国有文字记载的可信历史提前到了商朝。

甲骨文 ⟩ 已知中国最早的成熟文字

　　中国的甲骨文、古埃及纸草文字、巴比伦泥版文字和美洲印第安人的玛雅文字，并称世界四大古文字。而甲骨文是世界四大古文字中唯一传承至今的文字，今天我们使用的汉字即由其演变发展而来。人们发现和了解甲骨文，最初就是因为出土于河南安阳殷墟的甲骨刻辞。

　　最早发现甲骨文的人，是清朝光绪年间（1875—1908）的金石学家王懿荣。他在一味叫"龙骨"的中药材上，发现刻有细小的文字，后经考证，判定是商代的卜骨。自此，甲骨文才重新被世人所认识。

　　甲骨文是殷王朝占卜的记录，其得名是因为它们被刻在龟甲和兽骨上。占卜涉及祭祀、天象、年成、征伐等，甚至包括商王游猎、疾病、做梦、生子等，内容十分广泛。甲骨文是中国发现的最早的文献记录，它们不但见证了商代的占卜制度，还为研究中国文化史提供了重要的材料。

　　目前，殷墟共发现大约15万片甲骨，有4500多个单字，已经识别的单字约1500个。甲骨文已经脱离了象形文字的图形阶段，向着线形文字发展，已具备了现代汉字

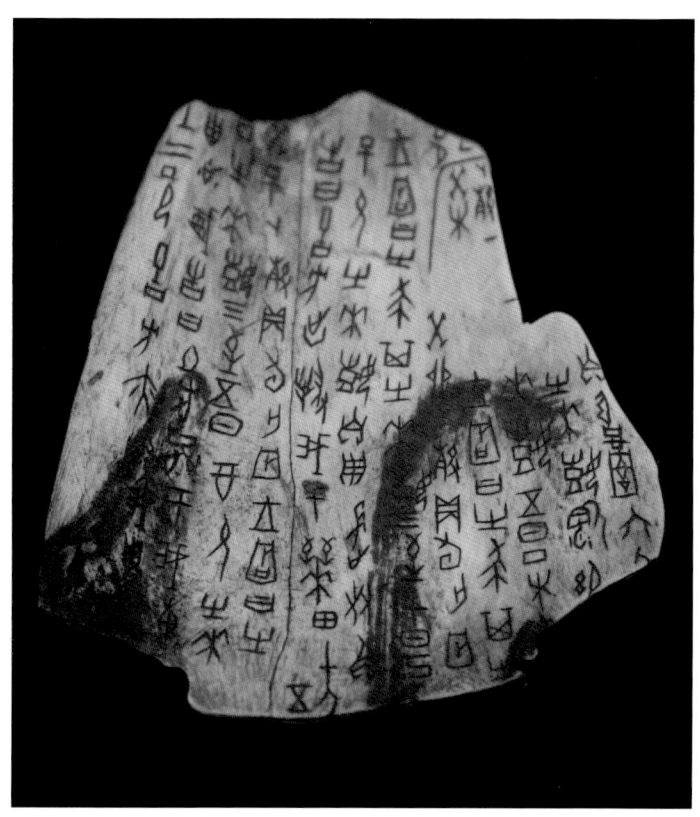

结构的基本形式。甲骨学已成为一门世界性学科，在历史学、文字学、考古学等方面都有很重要的意义。

湖南省博物馆

　　湖南省位于洞庭湖以南，有湘江贯穿省境，以湖湘文化著称。楚文化是湖湘文化的源头之一。湖南省博物馆现在馆藏文物18万余件，以马王堆汉墓出土文物、商周青铜器、楚文物、历代陶瓷、书画和近现代文物等最具特色，设有"长沙马王堆汉墓陈列"和"湖南人——三湘历史文化陈列"2个基本陈列和青铜、陶瓷、书画、工艺4个专题展馆。黄纱地印花敷彩直裾式丝绵袍、大禾人面纹方鼎、"皿而全"铜方罍、T形帛画、素纱禅衣等文物尤为珍贵。

辛追墓 T 形帛画 ⟩ "东方睡美人"的瑰丽梦想

　　马王堆汉墓是西汉初期长沙国丞相、轪侯利苍的家族墓地，位于湖南省长沙市马王堆乡。1972—1974年，考古学家先后考古发掘3个墓地，分别是汉初长沙国（诸侯封国）丞相轪侯利苍、利苍之妻和利苍之子的墓，出土了棺椁、丝织品、帛书、帛画、漆器等陪葬品3000余件。

　　利苍妻子辛追的尸体千年不朽、保存完好，被称为"东方睡美人"。而这件色彩绚丽的T形帛画，出土时就覆盖在辛追的内棺上，反映了这位"东方睡美人"关于生与死的浪漫想象。

　　这件帛画实际上是在葬礼上使用的招魂幡，被人用竹竿举着走在出殡队伍的前面，其用处是引领逝者的魂魄升天入地，最后随同棺木下葬。

　　正因为如此，帛画上的内容主要就是围绕"灵魂升天"来绘制的。画面从上至下分天上、人间和地下三部分。最上端是天界仙境，绘有金乌与太阳、蟾蜍与月亮、烛龙、飞龙和司阍（天国守门神）等；人间部分，则是辛追在3个侍女的簇拥下，缓缓向天界飞升，她的家人在祭

祀；地下部分，则绘有巨人托举着大地。整幅画想象丰富而浪漫，寄托了人们对永生和仙境的追求。

这幅帛画是研究中国古代丧葬制度、习俗，以及古人精神世界的重要资料，同时，它还展现了极高的绘画艺术水平。

素纱襌衣 〉世界上现存年代最早、最轻薄的衣服

素纱襌衣也出土于辛追墓，应该是她生前的衣物。有人说它是贴身穿的性感内衣，也有人说它是穿在锦绣衣服外以产生朦胧美感的罩衣。无论如何，它都是一件稀世珍品。因为，这世上再也没有比这更早的轻、薄、透的衣服了。

辛追墓出土的素纱襌衣共两件，一件为曲裾，重48克；另一件为直裾，重49克，轻得让人惊叹。所谓的素纱，就是一种单色的单经单纬丝交织而成的方孔平纹织物，由于纱的质地非常轻薄，古人形容说它薄如蝉翼、轻若云雾。

这两件素纱襌衣，可以说是西汉时期纺织技术巅峰之作，代表了当时养蚕、缫丝、织造工艺的最高水平。据说现代的专家们花了整整13年时间，才勉强将其复制出来。

在20世纪80年代初期，湖南省博物馆曾有一次文物失窃的经历，31件马王堆汉墓出土的文物被盗，其中就包括这两件珍贵的素纱襌衣。破案的过程中虽然追回部分文物，但令人遗憾的是，包括48克素纱襌衣在内的部分文物，还是遭到了毁坏。剩下49克这一件，目前仍收藏于湖南省博物馆。

湖北省博物馆

湖北，别称"荆楚"。春秋战国时的楚国幅员辽阔，是当时南方最大的诸侯国。楚文化是华夏文明的重要组成部分。楚国最强盛时期的都城郢都，就在现在的湖北荆州。湖北省博物馆堪称荆楚文化的宝库，现有馆藏文物24万余件，以青铜器、漆木器、简牍最有特色，设有楚文化展、曾侯乙墓展、郧县人展、屈家岭展等10多个展览，还有中国规模最大的古乐器陈列馆。越王勾践剑、曾侯乙编钟、郧县人头骨化石、元青花四爱图梅瓶被称为其四大镇馆之宝。

越王勾践剑 〉最励志的"天下第一剑"

卧薪尝胆，堪称中国历史上最励志的逆袭故事。在春秋战国时期楚、吴、越争霸的过程中，越国被吴国打败，越王勾践沦为吴王夫差的仆役。勾践忍辱负重3年，回国后励精图治，以每天睡在柴禾上、舔尝苦胆来提醒自己不忘耻辱。10年后，勾践兴兵，终于灭掉吴国得报大仇，并成为春秋时期的最后一位霸主。越国称霸多年，直到战国中期，才被楚国打败，逐渐衰弱。

这把越王勾践剑于1965年在湖北江陵望山楚墓出土，剑身上有"越王鸠浅自乍用剑"8个鸟篆铭文，"鸠浅"是"勾践"的通假字。专家们因此认定，这把剑是越王勾践的遗物。据推测，这把剑可能是越楚联姻结盟时期，勾践将妹妹嫁给楚昭王时的陪嫁礼物。而因为家喻户晓的"卧薪尝胆"故事，这把剑自然带着一种王者霸气，也被赋予了奋发图强的励志精神。

越王勾践剑为青铜材质，虽然在地下埋了2400多年，出土时仍寒光逼人、剑刃锋利。春秋末期，吴越地区出过很多名剑。经现代科技检测发现，这把剑无论材质、比例

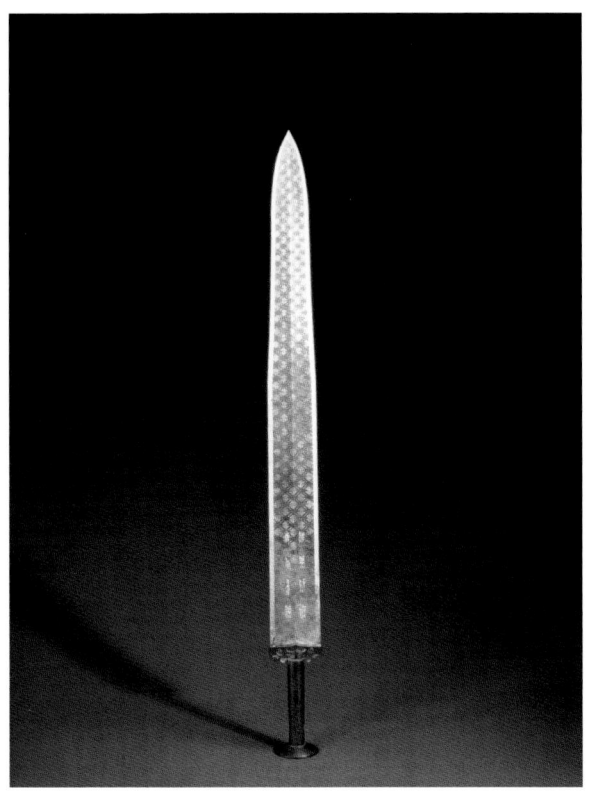

还是化学工艺处理，都堪称当时短兵器制造的最高水平，是青铜武器中的珍品。"天下第一剑"，名不虚传。

曾侯乙编钟 〉中华文明的悦耳之音

当楚国灭掉周边各小国，成为南方第一强国后，作为楚国邻邦的小小诸侯国——随国（又名曾国），却安然无恙。原因是在吴楚之战时，楚昭王曾在随国避难，得到随国国君的帮助，随国自然得到了楚国优待。而曾侯乙编钟，就是在这种背景下铸造的。

1978年，湖北随县一处先秦时期墓地被发现。这就是著名的曾侯乙墓，即曾国一位名为"乙"的国君之墓。曾侯乙墓出土了15000多件文物，包括青铜器、漆木器、竹简等。而其中的曾侯乙编钟，震惊世人。

编钟是流行于春秋战国至秦汉时期的一种打击乐器，由青铜铸成，主要用于宫廷演奏。曾侯乙编钟全套共65件钟，每件钟均能奏出呈三度音阶的双音，全套钟12个半音齐备，可以旋宫转调，现在依然可以用来演奏古今中外的乐曲。

这套编钟的每个甬钟外表都刻有"曾侯乙乍寺"和有关音乐内容的铭文，说明这套钟是曾侯乙亲自督造和使用的，因而是研究先秦乐律的重要资料。而在65件钟中，有一件挂在居中显著位置的镈钟上面有"楚王熊章作曾侯乙宗彝"等字样铭文，说明它是楚惠王熊章（楚昭王的儿子）在得知曾侯乙去世的消息后，专门铸造供曾侯乙永远使用的，这也说明了曾国和楚国的特殊关系。

曾侯乙编钟是中国目前出土的规模最大、保存最好、音律最全的一套编钟，制作精美，音乐性也很完美，代表了先秦礼乐文明与青铜器铸造技术的最高成就。

04

华东地区

山东博物馆

　　山东以齐鲁文化而著称，儒家学派的孔子和孟子、军事家孙武和孙膑等都是山东历史上的文化名人。山东博物馆成立于1954年，逐步发展成为富有地方特色的、包括历史、自然、艺术等多门类的新型省级博物馆，尤以陶瓷器、青铜器、甲骨文、陶文、封泥、玺印、简牍、汉画像石、书画、善本书的收藏见长。该馆珍藏的涡纹彩陶壶、东平汉墓壁画、《孙子兵法》竹简、颂簋、文徵明小楷册页等文物十分珍贵。

银雀山汉墓竹简 〉《孙子兵法》和《孙膑兵法》之谜

　　孙武是春秋末期生于齐国的军事家，被尊称为孙子、兵圣，著有《孙子兵法》。而孙膑是战国时期齐国的军事家、孙武的后人，著有《孙膑兵法》，但已失传。后人对孙武和孙膑有一些争议，一是孙武是否真有其人，二是《孙子兵法》是否为一人所著。

　　1974年，在山东省临沂市银雀山发掘的西汉前期墓葬中，一批竹简的出土解开了谜团。这批竹简共计完整简、残简4942简，此外还有数千残片。其内容包括《孙子兵

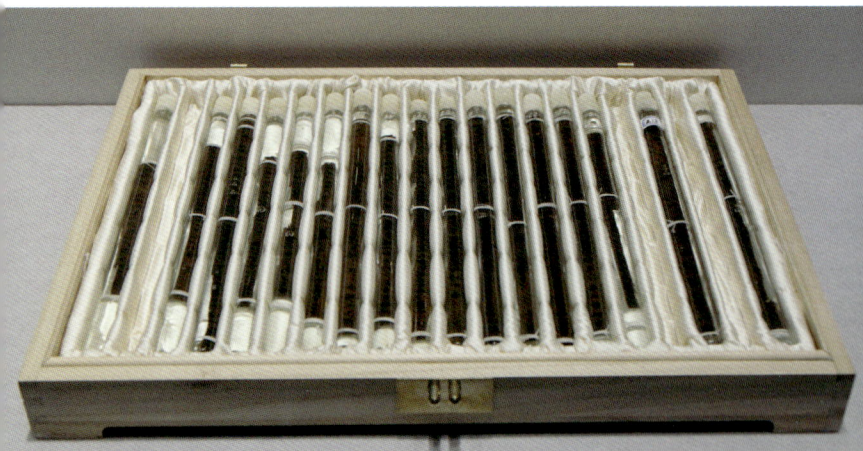

法》《孙膑兵法》《六韬》《尉缭子》《晏子》《守法守令十三篇》《元光元年历谱》等先秦古籍及古佚书。这些古籍均为西汉时手书，是较早的写本，所用字体属于早期隶书。

失传1700多年的《孙子兵法》(105枚)与《孙膑兵法》(232枚)同时出土，解开了历史上关于孙子和孙膑其人其书的千古之谜。它们证明现在传世的《孙子兵法》源出孙武，完成于孙膑，是春秋末期到战国中期的长期战争经验的总结，并非孙武一人专著；也使《孙子兵法》作者孙武是否实有其人等疑问得到解决。特别是失传已久的《孙膑兵法》的发现，更是极为珍贵，为研究中国古代军事思想提供了重要的资料。

南京博物院

　　江苏位于中国东部沿海，于清代建省。省会南京在长江江畔，古称建康，是三国时期东吴的国都，此后东晋和南朝的宋、齐、梁、陈相继在此建都，有"六朝古都"之称。南京还曾是明朝的国都，也曾是中华民国的首都。南京博物院成立于民国时期，是中国第一座由国家投资兴建的大型综合类博物馆，现拥有各类藏品43万余件（套）。战国错金银重烙铜壶、西汉金兽、东汉广陵王玺与错银铜牛灯、西晋青瓷神兽尊、南朝竹林七贤与荣启期模印砖画等都是国宝级文物。

竹林七贤与荣启期砖画 ｜ 乱世名士、偶像天团

　　竹林七贤和荣启期都是中国古代著名的隐士。在魏（220—265）晋（265—420）时期，因为对当时统治者的不满，嵇康、阮籍、山涛、向秀、刘伶、王戎及阮咸七人，或不愿出仕，或逃避政治迫害，消极避世，常聚在竹林之中喝酒唱歌，被称为"竹林七贤"。他们各自精通文学、音乐、哲学等，堪称当时的"偶像天团"。而荣启期是春秋时期的隐士，博学多才且思想独到。

　　1960年在南京一座南朝贵族墓里发现的这组砖画，则把处于不同时代的"竹林七贤"和荣启期联系在了一起，大概是因为他们气质和精神相通吧。

　　这组画由648块长方形青砖拼镶而成，左右两部分对称安置于墓室两壁。画中共绘有8人，在人物身侧刻有各自的名字。8个人席地而坐，以不同姿态体现了每个人的不同特点。嵇康正在抚琴，阮籍正在做长啸状（所谓"嵇琴阮啸"），山涛和刘伶都在饮酒，王戎手舞足蹈，阮咸则在弹琵琶，向秀闭目倚树正在思考玄学，七人尽显文人和名士风流……而另一个时代的荣启期，则端正地坐着，做

鼓琴唱歌的快乐样子。人物之间以银杏、槐树、青松、垂柳、阔叶竹相隔。

　　这组砖画是现存最早的竹林七贤人物组图，也是制作最为精美的砖画之一，为研究魏晋南北朝时期的绘画提供了可靠的资料。

坤舆万国全图 〉中国现存最早的世界地图

　　在中国明朝（1368—1644），曾有过一个伟大的航海家——郑和。从1405年开始，他率领船队从南京出发，远航西太平洋和印度洋，拜访了30多个国家和地区，已知最远到达东非、红海。

　　而在1582年，意大利传教士利玛窦来到中国，和大明太仆寺少卿李之藻合作，绘制了一幅中国版的世界地图，这就是《坤舆万国全图》。这是中国现存最早的世界地图，也是中国第一幅出现美洲的世界地图，它首次采用了西方的经纬制绘图方法。同时，还改变当时通行的将欧洲居于

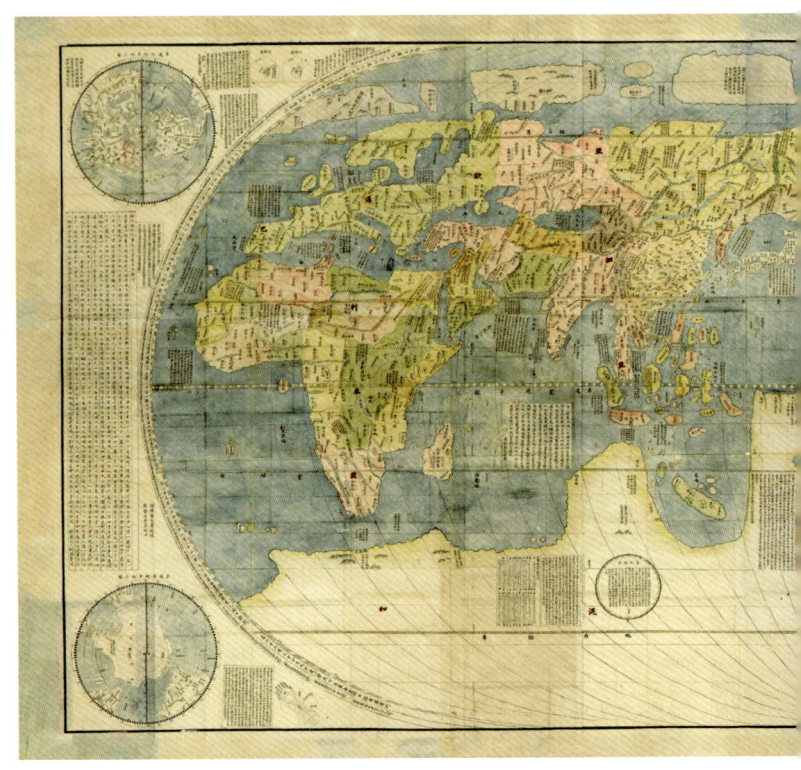

地图中央的格局，改将中国置于地图的中央，这也开创了中国绘制世界地图的模式。

　　南京博物院所藏《坤舆万国全图》为1608年宫廷中的彩色摹绘本，全长3.8米，宽1.92米，共标注有1116个地名，其中400多个地名都是当时西方地图上没有出现过的。郑和下西洋为中国人积累的地理知识，大量被吸收进地图中，如地图中标注了郑和到过的非洲黑人国。

　　在地图的四角，还附有8幅天文地理图，如日食图、月食图、赤道北地半球图和赤道南地半球图等，具有很强的科普性，开创了中国人认识世界的新方式。

　　《坤舆万国全图》是当时世界上内容最翔实和最科学的世界地图，传到欧洲后，被称赞为"不可能的黑色郁金

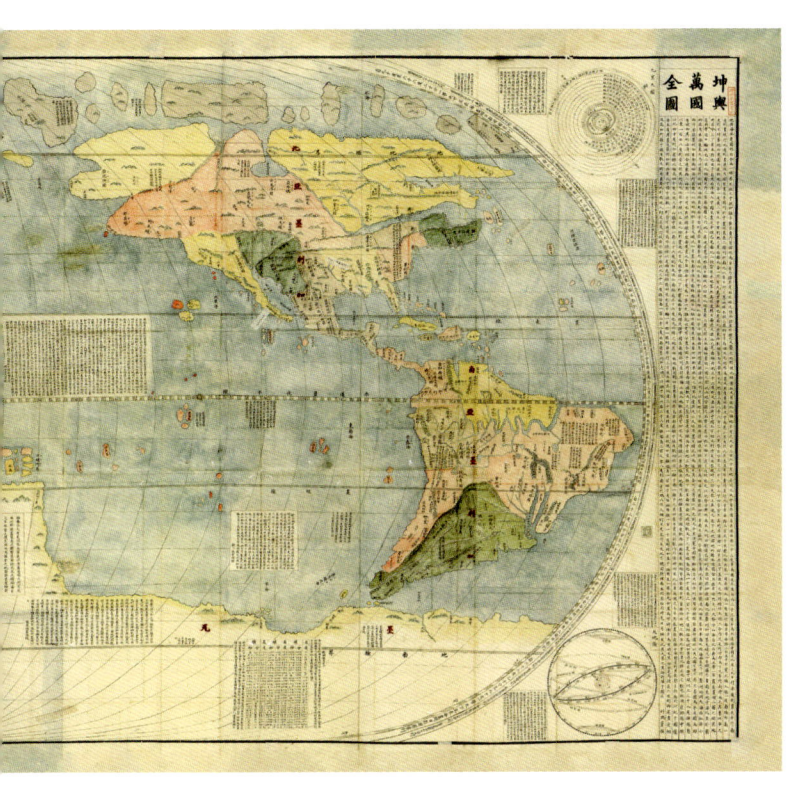

香"。现在《坤舆万国全图》原刻本共有7件，分别保存在法国、意大利和日本。

南京市博物馆

南京市博物馆所在的朝天宫，是明朝最高等级的皇家道观，也是江南地区现存规模最大、保存最为完整的明清官式古建筑群落，素有"金陵第一胜迹"之美誉。该馆收藏文物10万余件，其中尤以南京人头骨化石、青瓷釉下彩神鸟瑞兽盘口壶、王谢家族墓志、青花萧何追韩信梅瓶、镶金托云龙纹玉带、七宝阿育王塔等蜚声中外。常设展览包括"龙蟠虎踞——南京城市史""玉堂佳器——馆藏精品展"等，充分展示了南京城市历史发展的进程，体现了南京古都文化的精髓。

元青花萧何月下追韩信梅瓶 〉"天下第一瓷"

无论是在博物馆，还是在民间文物收藏界，珍贵的元青花都是几乎如同神一般的存在。所谓元青花，就是元朝时期生产的青花瓷器。中国的青花瓷在世界陶瓷中占有很重要的地位，它是一种通过特殊原料绘制，并高温烧成的蓝色花纹釉下彩瓷器，有中国传统水墨画的美感。它起源于唐代，成熟的青花瓷则出现在元代的景德镇，畅销世界。

南京市博物馆收藏的这件元青花萧何月下追韩信梅瓶，是元末明初时期青花瓷中罕见的国宝级珍品。它于1959年出土于南京将军山的明朝开国功臣沐英之墓，曾一度流落民间。瓷瓶高44.1厘米，瓶口直径仅5.5厘米，造型优美。

瓷瓶的腹部绘有"萧何月下追韩信"的故事。萧何策马狂奔追赶，韩信站在河边犹豫不定……高超的画技，把故事中的人物情绪表达得十分到位。这种题材的选择，反映出元代社会普通人喜爱戏曲的真实情况。

无论是器物制作、绘画还是施釉烧制，这件元青花梅瓶都达到了巅峰水平，号称"天下第一瓷"实不为过。目

前，中国国内现存各地传世、出土的元代青花瓷有 100 多件，散落在世界各地的元青花瓷也不过 200 多件。

上海博物馆

　　上海地处中国东部、长江入海口，是一座超大城市，也是中国经济、金融、贸易、航运、科技创新中心。上海博物馆馆藏文物近102万件，尤以青铜、陶瓷、书画最为突出，收藏了来自陕西、河南、湖南等地的青铜器，有青铜文物界"半壁江山"的美誉。目前有10个艺术陈列专馆、4个文物捐赠专室和3个特别展览厅。大克鼎、晋侯苏钟、商鞅方升、孙位《高逸图》、王羲之《上虞贴》、怀素《苦笋帖》等，都是极为珍贵和重要的文物。

商鞅方升 ｜ 强国改革的传世之宝

　　战国时期，著名的"商鞅变法"带来了秦国的强盛。说到这一次变法，不能不提一项重要的改革制度，即统一文字、货币、度量衡等。

　　上海博物馆收藏的商鞅方升，是商鞅为秦国变法统一度量衡所监制的国家级标准量器，容量为1升（约今0.2升）。它全长18.7厘米，内口长12.4厘米，宽6.9厘米，深2.3厘米，容积202.15毫升。作为一种量器，方升是当时商品交换和农业赋税的重要参照物。

　　商鞅方升刻有两组铭文。第一组铭文清晰地交代了方

升的制造者为"大良造鞅",即商鞅（大良造是商鞅的官职）,制作时间为秦孝公十八年（前344）,还有器物的用途及容积、制作地点等。第二组铭文是秦始皇二十六年（前221）的诏书,说秦统一中国后,秦始皇命令将商鞅既定的标准推行至全国,代替列国复杂的量制,并将此诏加刻于方升。这说明商鞅方升在连续使用120多年后,又成为秦始皇统一全国度量衡的法定标准参照。

　　在秦统一六国之前,各诸侯国各自为政。秦始皇下令统一文字、货币、度量衡等,对中国的统一和强盛有着十分重要的作用。而商鞅方升不仅是象征改革精神的传世之宝,它所确立的标准至今也仍然在发挥作用。

浙江省博物馆

　　浙江位于中国东南沿海，境内已发现新石器时代遗址100多处，有距今约7000年的河姆渡文化遗址、距今约6000年的马家浜文化遗址和距今约5000年的良渚文化遗址等。浙江省博物馆馆藏文物及标本10万余件。河姆渡文化遗物、良渚文化玉器、越文化遗存、越窑和龙泉窑青瓷、汉代会稽镜、南宋金银货币、历代书画和金石拓本等，都是极具地域特色及学术价值的珍贵历史文物。目前设有"越地长歌——浙江历史文化陈列""钱江潮——浙江现代革命历史陈列"2个基本陈列和"昆山片玉——中国古代陶瓷陈列"等专题陈列。

良渚文化玉琮 〉玉琮之王

　　1936年，考古人员在杭州市良渚镇一带发现并发掘多处史前遗址。1959年，以良渚遗址命名的良渚文化名称被确认（距今约5300—4300年）。2007年，良渚古城被发现。2019年，良渚古城遗址被列入《世界遗产名录》。

　　多年来，在良渚遗址群中发现了密集分布的村落、墓地、祭坛等各种遗存，出土文物总量达1万余件，其中尤以大量精美的玉器，如玉琮、玉璧等最具特色。良渚遗址的发现，对研究长江下游地区的文明起源具有重要的学术意义，是"实证中华五千年文明史的圣地"。

　　中国是世界上最早使用玉的国家，人们认为玉是纯洁和美好的象征。琮，则是中国古代的一种礼器，是沟通天地神灵的法器。浙江省博物馆收藏的这件新石器时代良渚文化玉琮，于1986年在杭州余杭反山一处良渚文化墓地出土，是已发现的良渚玉琮中最大、最重、做工最精美的一件，被誉为"琮王"。

　　它重达6500克，外方内圆，中间有对钻圆孔。古人

认为天圆地方，而中间的孔则代表着沟通天地。玉琮上有着良渚文化的标志性纹样，在四面四角都雕刻了"神人兽面"图案，上面为神人，下面为神兽，4个棱角处的兽面纹两侧均有一只神鸟守护。而装饰线都像丝一般细，但每一根都清晰而笔直。

　　良渚文化时代的人们，制作玉器的工艺已经非常成熟，特别是精细的微雕工艺令人叹为观止。正如中央电视台《国家宝藏》节目中所说，良渚玉琮如同一只望远镜，透过它可以看到中华民族璀璨文明的一个起点。

河姆渡文化双鸟朝阳纹牙雕 新石器时代的
象牙雕刻珍品

　　这个双鸟朝阳纹牙雕，堪称原始象牙雕刻中的艺术珍品，距今已有约7000年历史。它于1977年在浙江余姚河姆渡遗址出土。

　　被发现时，它已经残缺并不完整了。象牙被打磨得很光滑，图案也很有特点。它的正面用阴线雕刻了一组图案，中心是一个同心圆，外圆刻有火焰状的光芒，看起来

很像太阳。两侧则对称有两只鸟，面向太阳昂首对望。四周钻有6个小圆孔，上面4个，下面2个。背面的制作则比较粗糙。

河姆渡文化是长江流域下游以南地区的新石器时代文化（距今约7000年前），因1973年在浙江宁波余姚的河姆渡镇首次发现，因而被命名为"河姆渡文化"。河姆渡遗址发现了众多文物，如黑陶、干栏式建筑遗迹、农具和各种骨器等。其中最重要的是，发现了大量人工栽培的稻壳和稻米，陶盆上也出现了稻穗的图案。这一发现，改变了中国栽培水稻从印度引进的观点。

河姆渡文化时期，人们已经在大小各异的村落聚居，以稻作农业为主，兼营畜牧、采集和渔猎，使用陶器和木器。而从双鸟朝阳纹牙雕的图案来看，原始河姆渡人还崇拜太阳和鸟。

安徽博物院

　　安徽的省名，由清代建省时安庆、徽州两府府名首字合成。而常说的安徽文化，则由徽州文化、淮河文化、皖江文化、庐州文化4个文化圈组成。安徽博物院现藏文物22万余件（套），特色藏品包括商周青铜器、汉代画像石、古代陶瓷器、宋元金银器、文房四宝、明清书画、徽州雕刻、古籍善本、契约文书、近现代文物及潘玉良美术作品等。常设展览有"安徽革命史陈列""安徽古生物陈列""安徽好人馆"等。

鄂君启金节 ｜ 战国时代的"免税通行凭证"

　　符节，是中国古代朝廷发布命令、派遣使者、征调兵将等时用做凭证的东西，一般用金、铜、玉、角、竹等不同材料制成。使用的时候，双方各执一半，合在一起来验证真假。1957年在安徽省寿县邱家花园出土的战国鄂君启金节，是水陆通行符节。

　　鄂君启金节共有5件，均用铜铸成。由于形状像劈开的竹节，所以叫"节"。而节上有铭文自称"金节"，表示贵重，因为这是楚怀王颁发给鄂君启的。目前，中国历史博物馆收藏有车节、舟节各1件，另有3件藏于安徽博物院。

　　根据节上的文字可以看出，舟节规定鄂君启使用船只的限额是150艘，从鄂（今湖北鄂城一带）出发，一年往返一次，并规定了水路的范围。车节规定的运输限额是50辆，也是一年往返一次，同样对陆路的范围做了规定。节文还明文禁止运输铜和皮革等重要物资。凭此节通过各处关卡，可以免税。

　　作为一种君王颁发的凭证，符节当然要注重防伪。所以鄂君启金节采用了当时最尖端的铸造技术，连节上的铭文，都是用金丝镶嵌而成，要想"山寨"，实在很难。

　　鄂君启金节的发现，对研究战国时期特别是楚国的交通、商业、地理、符节制度，都有很重要的意义。

江西省博物馆

　　江西地处江南，自古被称为"吴头楚尾、粤户闽庭"，境内有中国第一大淡水湖——鄱阳湖和中国瓷都——景德镇。江西省博物馆藏品总数约 5.9 万件（套），以青铜、陶瓷类文物最具特色，数量多、品质高。新干大洋洲出土商代青铜器、贵溪崖墓出土东周漆木器和原始瓷器、明代藩王墓出土文物、历代陶瓷器、江西名人书画、江西近现代革命文物等都是其特色藏品。

鹿耳四足青铜甗 ＞ 江南青铜王国的"甗王"

　　1989 年，位于江西省吉安市新干县大洋洲镇的商代大墓被发现。在出土的 1300 余件文物中，尤以 475 件青铜器最引人注目。至此，一个受中原商文化影响，却又独立发展的"江南青铜王国"呈现在世人面前，这也终结了殷商时期的江南被称为"荒蛮腹地"的历史。

　　新干县大洋洲商代大墓出土的青铜器，包括礼器和乐器、农业工具和手工工具、兵器、神器与法器、杂器 5 类。据推测，墓主应该是当地的土著国王。这个鹿耳四足青铜甗，因其气势雄浑、造型奇美，被称为"甗王"。

　　所谓甗，是一种蒸煮器，由上部甑和下部鬲合成。甑中有箅，盛放食物，鬲内容水，器下烧火，蒸炊食物。鹿耳四足青铜甗甑鬲连体，立耳上各站一只小雄鹿和小雌鹿。甑腹的上部装饰了四组环柱角兽面纹，鬲足袋也布满浮雕兽面纹。与常见的三足不同，这个甗采用了四足，因此稳定性较好。它是迄今所见最大的甗，高达 1.05 米，重 78.5 千克。

　　另外，考古人员在甗的外底部和足内侧发现有很厚的烟炱，可见它经常被用来蒸煮食物，是一个"吃货"的实用器物。

　　新干县大洋洲商代大墓遗址表明，在中国青铜时代的江南地区，也出现了与中原商文化同样先进的文明，并且建立了政权。

福建博物院

　　福建，位于中国东南沿海，远古属百越之闽越部落，春秋时期以后为闽越国。境内最大河流为闽江，故福建简称为"闽"。福建地名始于唐代，取福州、建州两府首字而得名。福建博物馆成立于1953年，2002年新馆建成并更名为福建博物院，拥有馆藏文物和自然标本17万余件，其中珍贵文物3万余件。设"福建古代文明之光""福建古代外销瓷"等基本陈列。刘华墓出土陶俑群、波斯孔雀绿釉陶瓶、明德化窑文昌坐像等珍贵文物尤为引人注目。

波斯孔雀绿釉陶瓶　〉海上丝绸之路的西亚遗韵

　　在唐朝灭亡之后，中国陷入一段大分裂时期，即五代十国时期（907—960），直至北宋（960—1127）建立。而闽国（909—945）是五代十国中的十国之一，其疆域与现在的福建省大致相当。福建博物院收藏的这三件孔雀绿釉陶瓶，就出土于闽国第三代君主王延钧妻子刘华的墓。

　　所谓孔雀绿釉，是一种以铜元素为着色剂的低温彩釉。这种釉陶器起源于古波斯（今伊朗）地区。这三件陶瓶，器形都很高大，通体施孔雀绿釉，釉色晶莹，无论是器形、纹饰还是釉色都很特别。专家分析认为，从孔雀绿釉瓶的器形、纹饰，尤其是那种幡幢状堆纹来看，在中国隋、唐、五代的陶瓷器中基本都没见过，所以，可以推测它们是从古代波斯传入中国的波斯陶瓷。

　　福建地处中国东南沿海，具有海上交通的天然优势。五代十国时期，闽国的福州、泉州已经发展成为当时重要的商业城市，这种波斯陶瓷就是通过海外贸易来到福州的。在中国境内，波斯孔雀绿釉瓶仅在扬州、福州两地有发现，也说明古代波斯与福州、扬州之间的贸易往来更为频繁。

台北故宫博物院

　　台湾地处中国大陆东南海域，由中国第一大岛台湾岛和周围属岛以及澎湖列岛等岛屿组成。台北故宫博物院于1965年落成，收藏有故宫、南京故宫、沈阳故宫、承德避暑山庄、颐和园、静宜园和国子监等处的皇家旧藏，其中原属故宫博物院的藏品有24万余件。这些文物大多是在20世纪40年代末国民党当局战败退据台湾时运走的。截至2014年底，台北故宫博物院馆藏文物达69.6万余件，其中商周青铜器和历代的玉器、陶瓷、古籍文献、名画碑帖等都是稀世珍品。

毛公鼎 ＞ 现存铭文最长的青铜器

　　毛公鼎是西周晚期青铜器，于清道光二十三年（1843）出土于陕西省宝鸡市岐山县。岐山是周王室建立基业的地方，也是周文化的发祥地，曾先后出土大盂鼎、大克鼎、毛公鼎。其中毛公鼎铭文最长，文物价值也最高。

　　毛公鼎高53.8厘米，口径47厘米，重34.7千克。整个

器形规整而朴素，有2只立耳、3只蹄足，仅在外部口沿下有重环纹带一道。相比西周早期纹饰繁复的青铜器，毛公鼎要简洁得多，显示出当时思想文化和审美的变化。

　　毛公鼎最引人注目的，是鼎腹内的长篇铭文。铭文共32行，达499字。大意为，一是说当下国家的局势不好；二是周宣王册命毛公治理邦国内外及周天子家室内外；三是周宣王授予毛公宣示王命的专权，还着重申明未经毛公同意的王令，毛公可预示臣工不予奉行；四是告诫勉励之词；最后是讲周宣王赏给毛公仪仗、车马等器物，毛公则表示感恩，特意铸鼎传示子孙。

　　毛公鼎上的这段铭文叙事完整、记载翔实，被誉为"抵得一篇《尚书》"之稀世国宝，具有重要的史料价值。从书法角度来说，笔法圆润精严，线条浑凝拙朴，结体庄重，气势宏伟，是西周晚期金文的典范之作。

富春山居图 〉中国山水画第一神品

　　《富春山居图》是代表了元朝著名画家黄公望（1269—1354）最高水平的作品，也是一件极有传奇色彩的国宝。

　　《富春山居图》是黄公望在富春江畔创作的，长636.9厘米，高33厘米，用水墨技法描绘富春江一带秋天的景色。据说为了创作此画，他跑遍了富春江两岸，前后六七年时间才画成。画面上山峰起伏，林峦蜿蜒连绵，江水如镜，意境开阔辽远、雄秀苍莽。画上的几十座山峰，每一座都不一样，数百棵树，没有重复的，可谓变幻万千。

　　《富春山居图》历来被收藏者喜爱，评价极高，被誉为中国十大传世名画之一。明朝末年，收藏家吴洪裕得到了这幅画，极为喜欢。他在临死时，竟然下令将画焚烧殉葬。等他的侄儿把画从火中抢救出来时，画已经被烧成了一大一小两段。前段称为《剩山图》，较长的后段则称为《无用师卷》。此后300多年，前后两段画分开流传。

　　目前，《剩山图》收藏于浙江省博物馆，《无用师卷》则收藏于台北故宫博物院。2011年，分隔多年之后，《剩山图》与《无用师卷》终于重逢，《富春山居图》在台北故宫博物院"合璧"展出。

05

华南地区

广东省博物馆

　　作为中国的"南大门"，广东地处南海航运枢纽位置，也是岭南文化的重要传承地，在语言、风俗、生活习惯和历史文化等方面都有着独特风格。广东省博物馆藏品总数已达17.27万余件（套），其中广东出土文物与金木雕、端砚的收藏最为丰富，也最具地方特色。白玉镂雕龙穿牡丹盖钮、金漆木雕大神龛、"沧海龙吟"琴、端石千金猴王砚等珍贵文物极具代表性。常设广东历史文化陈列、广东省自然资源展览、端砚艺术展览、馆藏历代陶瓷展览、潮州木雕艺术展览等展览。

端石千金猴王砚 〉中国四大名砚之端砚名品

　　砚，又叫砚台，是中国古人书写、绘画时研磨色料的工具，中国传统文化中的文房四宝之一。端砚自唐朝初年开始出产，是中国四大名砚之一。其砚石为广东省肇庆市特产，以石质坚实、润滑、细腻、娇嫩而闻名。

　　端石千金猴王砚是广东省博物馆镇馆之宝之一，为清代光绪年间（1875—1908）作品，以端石中最为名贵的老坑石雕刻而成，砚中集合了鱼脑冻、胭脂火捺、微尘青花、玫瑰紫和金线等众多名贵石品。从砚台品鉴来说，凡具有鱼脑冻的砚台都质地高洁、发墨细腻。而这件砚中的鱼脑冻更是独一无二，天然呈现出一只猕猴的形象。砚台的右侧刻有铭文："千金猴王砚，光绪壬辰，禺山何氏闲叟珍藏"，是收藏者落款。左侧铭文为："郭兰祥作砚，项信南刊字"，是制作者的落款。

　　据说晚清名臣张之洞喜欢端砚，专门派幕僚何蓬洲负责组织开坑挖石造砚台，结果挖得上好砚石，制成三方砚台，其中之一就是猴王砚。何蓬洲没有把砚台交给张之洞，而是自己藏了起来。抗日战争时，何蓬洲的后代把猴

王砚卖给了一名古董商，后辗转多次易主。直到广东省博物馆成立后正式收藏，千金猴王砚"颠沛流离"的命运才算结束。

广西壮族自治区博物馆

　　广西地处中国南疆，是以壮族为主体的少数民族自治区，少数民族人口居全国之首。春秋战国时期，广西属百越的一部分。公元前214年，秦王朝征服百越后，今广西大部分地区属于桂林郡和象郡，所以广西又简称"桂"。广西壮族自治区博物馆，馆藏文物（含古籍）7万多件（套），时间跨度长达80多万年。翔鹭衔鱼纹铜鼓、悬山顶干栏式铜仓、浮雕饰铜钟、龙首柄铜方匜等藏品尤为令人注目。常设"瓯骆遗粹——广西百越文化文物陈列""瓷美如花——馆藏瓷器精品展""丹青桂韵"（书画）等展览。

翔鹭衔鱼纹铜鼓 〉汉代中国人的航海图鉴

　　春秋战国时期，广西是百越的一部分。所谓百越，是一个包含众多支系的越人族群，而西瓯、骆越则是百越族群中的两大重要支系。这面西汉时期的翔鹭衔鱼纹铜鼓，就出土于西瓯部族聚居区广西贵港罗泊湾汉墓。有推测认为，墓主人可能是西汉初年南越国的贵族，甚至可能是当时的西瓯君。

　　翔鹭衔鱼纹铜鼓最大的特点是鼓身上布满铸刻精美的花纹。它高36.8厘米、面径56.4厘米、足径67.5厘米。鼓面中心为太阳纹，有12道太阳光芒，光芒外有7道晕圈，主晕为衔鱼翔鹭纹。鼓胸上有6组羽人划船纹，每船6人。其中3艘船的划船者都戴着羽冠。另外3艘船，各有1个裸体人。船头下方有衔鱼站立的鹭鸶或花身水鸟，水中有游鱼。鼓腰则装饰了8组羽人舞蹈纹，每组2—3人正在跳舞。舞者上空，则有衔着鱼的翔鹭。

　　越人自古便有利用舟楫的传统，而翔鹭纹铜鼓上的图纹，主要表现划船、捕鱼等，因此被认为表现了中国早期航海的景象。

　　铜鼓广泛流行于滇、黔、川、粤、桂、湘、琼等省区，广西因为出土和收藏的铜鼓最多而被称为"铜鼓之乡"。铜鼓的制作包括冶炼、铸造、绘画、雕塑等工艺，铜鼓的使用则集音乐和舞蹈于一身，是古代中国南方少数民族特有的艺术精品。直到现在，人们仍可在许多民族村寨感受到铜鼓的魅力。

海南省博物馆

海南省位于中国最南端，简称"琼"。海南省博物馆常设"南溟泛舸——南海海洋文明陈列""方外封疆——海南历史陈列""仙凡之间——海南风情陈列"三大基本陈列及一些专题展。"越王亓北古"错金铭文青铜复合剑、唐三彩马、宋青白釉花口凤首壶、朱庐执刲印等珍贵文物，是该馆的镇馆之宝。

朱庐执刲印 〉海南第一古印

朱庐执刲印是海南省首次发现的国家一级文物，是海南岛早在两千多年前就归属西汉中央政权管理的最佳物证，因此被称为"海南第一古印"。

朱庐执刲印是一枚银质印章，用篆书阳刻了"朱庐执刲"四个字。印章顶部为一蛇形纽，中部拱起形成一个穿孔，头部略昂起，周身刻满鳞纹，形态很是生动。

公元前110年，汉武帝派军队越过琼州海峡登陆海南岛，设置了珠崖、儋耳两个郡，从此将海南岛纳入中央政权的管辖。后来，又取消儋耳和珠崖两郡，另外设置了朱庐县，归合浦郡管辖。执刲，一作执圭、执珪，原本是楚国的爵名，汉代初期将其沿袭下来封赏功臣。所以，这方印章是西汉政府颁给有功的朱庐县守官的。

也有专家认为，目前经考古发掘的滇王之印、汉倭奴王之印等都是蛇钮，所以推断朱庐执刲银印也可能是中央统治者赐予当地少数民族首领的银印。

朱庐执刲银印的出土，充分证明了海南岛早在两千多年前就隶属汉朝中央政府的事实，是研究海南历史沿革、政权交替的重要实物史料。

香港历史博物馆

　　香港特别行政区位于中国南部，是一座高度繁荣的国际大都市。香港自古以来就是中国的领土，秦朝时属番禺县管辖，并自此置于中央政权的管辖之下。1842—1997年间，香港曾受英国殖民统治。1997年7月1日，中国政府对香港恢复行使主权，香港特别行政区成立。香港历史博物馆于1975年成立，致力于搜集和保存本地及华南地区的历史文物，藏品数量逾14万件。

九广铁路行车时间表 ｜ 粤港"亲情线"的见证

　　九广铁路也称为广九铁路，是一条连接广州、东莞、深圳和香港的区际铁路，于清光绪三十二年（1906）动工建设，清宣统三年（1911）全线贯通，分华段与英段两部分，华段总工程师为中国著名的铁路专家詹天佑。1911年10月5日，广九铁路华段开行从广州大沙头站至九龙总站首班列车，全程历时约5小时。而这张九广铁路行车时间表，正是广九铁路通车运行的见证。

　　1949年，广九铁路广深段改名广深铁路；1996年，广九铁路香港段改名东铁线。现在，广九铁路分为广州段、东莞段、深圳段和香港段。

　　广九铁路见证了百年中国历史，被誉为粤港"亲情线"。2019年，广九铁路工程入选"中国工业遗产保护名录（第二批）"。

澳门博物馆

　　澳门特别行政区位于中国南部，与香港、深圳隔海相望。1553年，葡萄牙人从明朝广东地方政府取得澳门的居住权。1999年12月20日，中国政府恢复对澳门行使主权，澳门特别行政区成立。在东西方文化的碰撞下，澳门成为一个风貌独特的城市。2005年，澳门历史城区被联合国教科文组织列入《世界遗产名录》。澳门博物馆坐落在澳门著名的历史遗迹大炮台之上，第一、二层位于大炮台地面之下，展示澳门的早期历史和民间艺术与传统；第三层位于大炮台之上，主要展示当代澳门的物品。

青花加橹瓷盘 〉中国瓷器风靡欧洲的传奇

　　所谓"加橹"，是葡萄牙的一种称为 Carraca（加橹）的大货船。而用这种大货船运输外销的中国瓷器，被称为"加橹瓷"。

　　明朝时期，葡萄牙人进入澳门后，得到广东地方政府批准，可以直接在广州购买丝织品、瓷器等，以澳门为中转站转运至日本、东南亚和欧洲等地销售。1602年，荷兰

东印度公司在海上捕获一艘葡萄牙商船——克拉克号，船上装有大批青花盘、碗、瓶等瓷器。由于不清楚这些青花瓷的产地，便称其为"克拉克瓷"。所以这种专门销往国外的加橹瓷，也叫克拉克瓷。

　　加橹瓷的生产可分为明朝万历年间（1573—1619）至清初和康熙年间（1662—1722）两个时期。前一个时期的加橹瓷，其主要特点是宽边，在盘、碗的口沿绘花瓣形、扇形、椭圆形或圆形开光，开光内绘山水、人物、花鸟等图案，是具有典型的欧洲风格的青花瓷器。在澳门的很多地方，都出土了明代晚期外销的加橹瓷残片，主要是产于景德镇的青花瓷。这些文物大多珍藏于澳门博物馆。

06

西南地区

四川博物院

　　四川地处被群山包围的四川盆地，曾创造了灿烂的古蜀文明。北宋时期，位于四川盆地一带的川峡路，被分为益州路、梓州路、利州路和夔州路，合称为"川峡四路"或"四川路"，四川因此得名。四川博物院现有院藏文物32万余件，设有青铜器、陶瓷、藏传佛教、万佛寺石刻、张大千书画等10个常设展览。西周象首耳兽面纹铜罍、东汉制盐画像砖、五代后蜀残石经、宋代赵佶《腊梅双禽图》、现代张大千《仕女拥衾图》、格萨尔唐卡等都是极为知名的珍贵文物。

东汉制盐画像砖 ｜ 古代"黑科技"开采"百味之王"

　　盐，被称为"百味之王"，自古都是必不可少的调味料。而在四川，早在两千多年前，就开始用"黑科技"采盐。东汉制盐画像砖就生动地记录了这一场景。

　　东汉制盐画像砖，在四川博物院藏有3块。其中在中央电视台《国家宝藏》节目中展示的这块，于民国年间出土于成都邛崃（汉代临邛地区）。画面上，远处有山脉和动植物，也有背柴和打猎的人。左下角有一个高大的井架，4个人正在使用滑车和吊桶，从架子下面的盐井里汲取卤水。同时，还有竹子制作的水槽将盐卤输送到右下角的灶房。灶房的灶台上有5口釜，2个人负责操作，一个人在灶口扇风烧火。整个画面形象生动，完整呈现了汉代四川井盐汲卤熬制的工艺流程。

　　中国的第一口盐井"广都盐井"，就出现在四川成都。世界上第一口超千米的深井"燊海井"则出现在四川自贡。三国时期，为了提升国力，蜀汉丞相诸葛亮亲自到临邛视察生产井盐的"火井"，还提出改进意见。当时，临邛的"火井"深60余丈（130多米），可见当时钻井技

术水平已经非常高了。同时，井上还安装楼架和定滑轮，在当时堪称"黑科技"，是居于世界领先地位的科学技术。

三星堆博物馆

　　三星堆古遗址位于四川省广汉市西北的鸭子河南岸，面积12平方千米，距今已有5000—3000年历史。自1929年被偶然发现以来，经过数十年的考古发掘和研究，该遗址已被确认为迄今在西南地区发现的范围最大、延续时间最长、文化内涵最丰富的古蜀文化遗址，其年代范围延续2000年，出土的大量陶器、石器、玉器、铜器、金器，自成一个文化体系，被命名为"三星堆文化"。三星堆博物馆有综合馆和青铜专馆，集中呈现三星堆文明的辉煌灿烂，让游客直观体验身临神秘古蜀王国的感觉。

青铜大立人 〉世界铜像之王

　　在三星堆遗址的一号坑和二号坑中，出土了很多精美的青铜器。但是人们发现，这些青铜器并不是中原文明典型的鼎和簋，而是大量的青铜人像和青铜面具。其中青铜人头像达50多件，大的50厘米高，小的仅10多厘米，都鼻子高大，眉毛为上扬的刀状长眉，眼睛则是斜竖的三角大眼……有观点认为，这些青铜人头像，可能是根据当时各部族的首领相貌而造，然后集中放在神庙之中。

　　其中最著名的"青铜大立人像"，大概是"众神之首"。它连台座一起高达260.8厘米，人像高180厘米，头戴莲花高冠，穿着窄袖与半臂式共三层衣。双手握成圆环状，似乎曾握着一件权杖之类的东西。它展现出了古蜀人的"全身照"，并且精细地刻画出了里外三层的服饰，因此有人推测上面的花纹是蜀锦蜀绣的早期纹样。有观点认为，这尊大立人像，表现的可能是古蜀的群巫之长的形象，也可能是某一代蜀王的形象。它是全世界同时期体量最大、保存最完整的青铜人物雕像。

　　另外，三星堆遗址还出土了"纵目面具"等22件青铜

人形面具、高达3.95米的青铜神树，以及以流光溢彩的金杖为代表的金器等，都显示出三星堆文化的独一无二。

　　三星堆古遗址被称为20世纪人类最伟大的考古发现之一。它证明长江流域与黄河流域一样同属中华文明的母体，被誉为"长江文明之源"。

金沙遗址博物馆

　　金沙遗址于2001年2月在成都市区被发现，后被确认为距今约3200—2600年长江上游古代文明中心——古蜀王国的都邑。已发现的重要遗迹有大型建筑基址、祭祀区、一般居住址、大型墓地等，出土金器、铜器、玉器、石器、象牙器、漆器等无数珍贵文物。金沙遗址博物馆包括两大主体建筑——遗迹馆和陈列馆，观众可目睹遗址原貌，也可欣赏到众多珍贵文物，了解古蜀金沙的灿烂与辉煌。精美的太阳神鸟金箔，神秘的大小金面具，风格独特的青铜器和玉器，满坑满谷的象牙，无不令人震撼。

太阳神鸟金箔 〉中国文化遗产标志

　　在金沙遗址博物馆一年一度的"金沙太阳文化节"上，总会举行一场祭祀活动，以重现3000年前古蜀王国的盛大祭典。在人们对自然界还缺乏了解的时期，崇拜和祭祀是很重要的事情，贯穿于政治、军事和日常生活中，而太阳和神鸟，应该是"金沙王国"崇拜的图腾。

金沙遗址最著名的出土文物，当属这件"太阳神鸟"金箔。它轻薄而小巧，仅20克重。它采用镂空方式表现的图案，则有奇妙之处。内层图案是一个有着12道弧形顺时针旋转光芒的圆形，外层图案则是4只逆时针飞行的鸟，彼此相接，正像4只围着太阳飞翔的神鸟。

相关图案也出现在金沙遗址出土的其他文物上。比如另一件金冠带上，则有四组由一鱼、一鸟、一箭组成的图案，每组之间又有一个圆日图案。无独有偶，在三星堆遗址出土的金杖上面也有类似图案。这也反映了金沙遗址与三星堆遗址的关联。显然，太阳和神鸟在古蜀国人的心目中占有重要地位，成为崇拜和祭祀的对象。一鱼、一鸟、一箭的图案，也可能是在表现他们打鱼和狩猎的情形。

2005年8月，中国国家文物局正式公布，采用金沙"四鸟绕日"金饰图案，作为"中国文化遗产标志"。

重庆中国三峡博物馆

重庆位于四川盆地的东南部，先秦时期为巴国领地，隋朝得名渝州，宋代得名重庆，逐步发展出独特的地域性文化——巴渝文化，也常与蜀并称为巴蜀。为抢救、展示和研究三峡文物保护工程的珍贵文物，2000年设立重庆中国三峡博物馆，并将原重庆市博物馆并入，因此又名重庆博物馆。现有馆藏文物11.35万余件（套），其中，石器时代巫山人左下颌骨化石、商代三羊尊、战国鸟形尊、战国虎钮錞于、东汉"偏将军印章"金印、东汉乌杨石阙、东汉景云石碑、明唐寅仿韩熙载夜宴图卷等珍贵文物广受关注。

战国虎钮錞于 ｜ 骁勇善战的巴国"錞于王"

重庆人性格豪爽、耿直，据说源于古代巴人善战的传统。《华阳国志》文献记载：周武王伐纣，得到巴国军队相助，"巴师勇锐，歌舞以凌殷人，前徒倒戈"。意思是说，

巴族的军队很勇猛，与殷商的军队对阵，一边歌舞一边进攻。这种歌舞，应该是指战前舞。而这种战前舞中，大概少不了军乐器錞于的身影。

錞于是中国古代铜质打击乐器，始于春秋时期，盛行于战国至西汉前期，一般在两军交战时为鼓舞士气而与鼓配合使用，也可以在娱乐或者祭祀时使用。錞于在巴人故地发现得最多、最集中，而这件 1989 年在万州甘宁乡发现的虎钮錞于，是战国晚期的巴人作品，因为保存完整、音质优良、形体巨大而被称为"錞于王"。

这件虎钮錞于是一个椭圆的筒形体，顶部是折了沿的平盘，正中立着一个虎形钮。虎形钮的老虎造型威猛，这也是巴人崇拜虎的重要例证。虎形钮的周围，还分布着五组巴蜀图语：椎髻人面、羽人击鼓与独木舟、鱼与勾连云纹、手心纹、神鸟与四蒂纹，这些都是研究巴文化的重要资料。

云南省博物馆

　　云南位于中国西南地区的云贵高原，是人类重要的发源地之一。距今170万年前的云南元谋猿人，是迄今为止发现的中国和亚洲的最早人类之一。战国中后期至西汉末，曾以滇池为中心，分布着一支高度发达的青铜文化，考古学上称之为"滇文化"。云南省博物馆馆藏文物约22.67万件（套）。战国牛虎铜案、西汉四牛鎏金骑士铜贮贝器、西汉战争场面铜贮贝器、大理国时期的银背光金阿嵯耶观音立像、宋代郭熙《溪山行旅图轴》、元代黄公望《剡溪访戴图轴》等国宝级文物是其镇馆之宝。

四牛鎏金骑士铜贮贝器 ﹥ 古滇人无声的史书

　　所谓贮贝器，相当于现在的存钱罐、保险箱。海贝是在云南地区使用了上千年的一种货币。

　　战国中后期至西汉末，云南滇池地区曾存在一个名为滇国（前278—前109）的地方政权，存续约170年。后来，汉武帝出兵征服了滇王，神秘的古滇国消失于茫茫的历史尘烟中。在云南晋宁石寨山古滇国古墓群的数次发掘中，曾出土大量品类繁多的青铜器，这件四牛鎏金骑士铜贮贝器就是其中的精品。

　　四牛鎏金骑士铜贮贝器高约50厘米，圆筒形，腰部呈收束状，两侧铸有两只向上攀爬的老虎，作为搬移时用的把手。而最具特色的则是器盖上的装饰——最中间是一个鎏金的骑士，佩着长剑。从鎏金的装饰来看，骑士的身份可能是奴隶主。外圈则为四头肥壮的牛，将中间的骑士围绕起来。

　　在器物盖上做装饰以彰显尊贵，在滇文化的青铜器物中比较常见，包括贮贝器、针线盒等。而身处农耕社会的人们崇拜牛，所以牛也成为财富和地位的象征，以各种

形式出现在器物中。像四牛鎏金骑士铜贮贝器上的四牛绕行，象征着主人拥有大量的财富。

　　这些青铜器物器盖上的装饰，还表现了祭祀、农事、纺织、战争等方面的内容，无形中成了古滇国人的生活记录。因此，也有人称它们是"古滇人无声的史书"。

贵州省博物馆

　　贵州地处中国西南地区腹地，是世界知名山地旅游目的地。贵州也是一个多民族共居的省份，世居民族有汉族、苗族、布依族、侗族、土家族、彝族、仡佬族、水族、回族、白族、瑶族等18个民族。因此，在贵州省博物馆8万余件藏品中，民族文物是最大的亮点。其中，苗族服饰库和苗族银饰库位居全国第一。馆藏贵州古生物化石、旧石器时代文物以及反映地方历史人文和文化多样性的各类文物，也值得关注。

宋代鹭鸟纹彩色蜡染褶裙 〉"东方第一染"
的千年物证

　　蜡染，是在中国少数民族民间流传的传统纺织印染手工艺，至今已有2000多年历史。其基本技术是：用蜡刀蘸熔蜡在布上绘花，然后用植物颜料蓝靛浸染。蜡是一种防染剂，去掉蜡后，布面就呈现出蓝底白花或白底蓝花的图案。由于在浸染中蜡会自然龟裂，布面就呈现出独具特色的"冰纹"。贵州的苗族、布依族等民族至今仍擅长蜡染，而贵州安顺则被称为"蜡染之乡"。

　　这件宋代的鹭鸟纹彩色蜡染褶裙于1987年在安顺平坝棺材洞出土。它的裙腰为麻质，裙身为棉质土布。蜡染分上下两部分：上部分主要是飞翔的鹭鸟，取材于早期铜鼓上的鹭鸟纹，画面大方丰满，显得很是欢乐热烈；下部分则由几条黄、蓝的流云状条形弦纹组成，虽然纹饰复杂，却又有一种简洁的美。另外，裙上还有纹样多变的挑花和刺绣。

　　这件裙子已存世近千年，又是从洞中出土，布料已有损坏，但裙上彩色的图案和花纹却像新的一般艳丽，让人叹为观止。

西藏博物馆

　　西藏自治区位于青藏高原西南部，是中国5个少数民族自治区之一。自元朝开始，中央政权始终对西藏行使着有效的直接管辖。西藏博物馆由国家直接投资兴建，展厅由史前文化、不可分割的历史、文化艺术、民俗文化四大部分组成。馆藏文物丰富，民族特色浓郁，囊括了历代中央政府治藏文物、佛像、唐卡、古籍经典、瓷器、玉器、民俗文物以及考古发现的史前文物等。贝叶经（吐蕃时期）、世界上唯一一部完整的桦树皮经、金瓶、印章和金册、双体陶罐、唐卡艺术等文物十分珍贵。

金赍巴瓶 〉 中央政府有效治理西藏的重要物证

　　"赍巴"是藏语的音译，意为"瓶"，金赍巴瓶即金瓶。

　　1793年，清乾隆皇帝正式颁布《钦定藏内善后章程二十九条》，以国家法律的形式设立和确定了金瓶掣签制度。乾隆皇帝亲自主持设计制作了一对金瓶，一件颁予北京雍和宫，用于确定内外蒙古大活佛的转世；一件则颁予西藏大昭寺，规定此后达赖、班禅等藏传佛教大活佛转世，均需通过此瓶进行掣签决定，以确保活佛转世的公正性。

　　金赍巴瓶全部由黄金打造，并镶嵌各色宝石，通体饰云纹和"十相自在"吉祥符，内置5枚象牙签。自金瓶掣签制度施行以来，已先后有70多位活佛的转世灵童经金瓶掣签选定，包括十世、十一世、十二世达赖喇嘛和八世、九世、十一世班禅额尔德尼。金赍巴瓶是历代中央政府有效治理西藏、规范藏传佛教仪轨的重要物证，时至今日，仍在履行着历史赋予它的使命。

07

西北地区

陕西历史博物馆

　　陕西是中华民族及华夏文化的重要发祥地之一，而其省会城市西安，更是联合国教科文组织确认的"世界历史名城"，历史上先后有10多个王朝在此建都，包括中国历史上最强盛的西汉和唐朝。陕西历史博物馆馆藏文物171万多件（组），上起远古人类初始阶段使用的简单石器，下至1840年前社会生活中的各类器物，时间跨度长达100多万年。其中的商周青铜器精美绝伦，历代陶俑千姿百态，汉唐金银器独步全国，唐墓壁画举世无双。

西汉彩绘兵马俑 〉横扫匈奴的大汉轻骑兵

　　西汉是继秦朝之后强盛的大一统帝国，尤其是汉武帝时期，国力和军事力量强盛，大规模开疆拓土，国威远扬。西汉与北方的草原霸主匈奴之间，曾有过长达百年的军事较量。著名将领卫青和霍去病，就曾奉命率骑兵深入漠北追击匈奴，并大获全胜。

　　在军队中，骑兵作为一个兵种出现，大约开始于春秋战国之交。那么，西汉的骑兵部队到底有多强大，竟然能横扫以凶悍骑兵著称的匈奴大军？陕西多地出土的西汉骑兵俑，让我们可以从侧面一睹其风采。

　　陕西历史博物馆展出的一件西汉彩绘兵马俑，高69厘米，是1965年在陕西咸阳杨家湾汉长陵陪葬墓中出土的。这是一匹绛红色的马，昂首翘尾似乎正在嘶鸣，而马上的骑手身着干练的短衣，左手持缰绳（缰绳已遗失），右手握拳举在胸前，看起来精神十足。

　　杨家湾汉墓共出土近3000件彩绘兵马俑，其中有骑兵583人、步兵1965人、指挥车1辆。在这批兵马俑中，骑兵作为一个独立兵种，分为甲骑和轻骑两类，共组成6个方队，显示出西汉时期骑兵的强大。

　　1965年之后，在陕西、江苏、四川等地均发现了西汉时期的彩绘兵马俑，反映出西汉政府曾经不断加强骑兵队伍建设，并提升其装备水平，这与西汉时期不断的征伐史实是相符合的。

唐墓壁画 ⟩ 大唐记忆的"老照片"

　　在万国来朝的大唐，国际大都会长安到底有多么的繁华和气派？唐墓里留下的壁画，就像"老照片"一样，为我们保留了最直观、最生动和最形象的大唐记忆。

　　章怀太子墓、懿德太子墓、永泰公主墓……多年来，陕西发现有壁画的唐墓有100多座。陕西历史博物馆为此专门修建了一座唐墓壁画馆，收藏20多座唐墓的壁画精品近600幅，面积达1000多平方米，展出的有章怀太子墓《客使图》《马球图》《狩猎出行图》，懿德太子墓《阙楼仪仗图》，永泰公主墓《宫女图》等壁画珍品97幅。这些壁画生动描绘了当时的礼仪规范、生活习俗、服饰特色、娱乐

方式与建筑风格，从多方面展现了唐代社会生活，尤其是贵族们的生活。

　　例如章怀太子墓的《客使图》，就形象地展现了初唐时期频繁的国际交流。图上共有6人，其中3位是专管外交的鸿胪寺官员，另外3位，则分别是来自东罗马、朝鲜半岛和靺鞨族的使节，正在等候上殿觐见皇帝。

而懿德太子墓的《阙楼仪仗图》，则是盛唐威仪的呈现。《阙楼仪仗图》绘制于墓道东壁和西壁，画面十分壮阔：远处是群山，近处有高大的城墙和阙楼，特别是共计196人的仪仗队，包括步行、骑马和车队三种卫队，浩浩荡荡、威严气派，把作为国际大都会的长安气象表现得淋漓尽致。

葡萄花鸟纹银香囊 ｜ 盛唐女性的时尚单品

佳人已逝，香魂犹在！传说在唐朝的时候，因为安禄山造反，逃亡途中的唐玄宗不得不在马嵬坡赐死杨贵妃。重返长安后，唐玄宗令人改葬杨贵妃。挖开杨贵妃的坟墓时，发现她"肌肤已坏，而香囊犹存"。

杨贵妃墓里那个香囊不知道去了哪里，但类似的文物后世却出土了一些。最精美的，便是1970年在陕西西安何家村唐代窖藏中出土的一枚葡萄花鸟纹银香囊。

这个圆球状的银香囊设计得非常科学和精巧。其外径不足5厘米，内置装香的金盂直径仅2.8厘米，真是小巧玲珑。香囊顶部配有一条链子，可以挂在腰间或者帐帷上。香囊外壁用银制，镂空成葡萄花鸟纹，并从中间平分成两个半球形。球内安有一个半球形的金盂用于盛香。各部分都通过机关相连。神奇之处在于，无论外壁球体怎样转动，香盂始终保持重心向下，里面的香料不会洒落出来。

唐朝是一个开放的时代，特别是盛唐时期，人们对于从国外传来的服饰、音乐和物品都很喜爱。用香在唐代很流行，随身携带一个香囊，不但香风阵阵，还能起到消灾

辟邪的作用。葡萄是通过丝绸之路从西域传来的，而银香囊的机关实际上是一个陀螺仪，后来从中原传到了西域。所以，这个小小的香囊，不但是盛唐时期女性的时尚单品，更是丝绸之路对文明交流发挥了重要作用的见证。

秦始皇帝陵博物院

　　秦始皇陵兵马俑的发现，震惊了全世界。无论中外游客，到了西安，必然会去参观兵马俑，否则会感觉像没来过一样。秦始皇帝陵博物院，是以秦始皇兵马俑博物馆为基础，以秦始皇帝陵遗址公园（丽山园）为依托的一座遗址博物院。其中，秦始皇帝陵遗址公园包括秦始皇陵封土、已探明的主要建筑遗址、百戏俑坑博物馆、文吏俑坑博物馆等。秦始皇兵马俑博物馆位于秦始皇陵封土以东，已先后建成并开放了秦俑一、三、二号坑和文物陈列厅，拥有藏品5万余件（套）。

秦始皇陵兵马俑 ❯ 世界第八大奇迹

　　谁会想到，在地下，还藏着一支完备的"军队"。1974年，几个打井的农民，无意间挖开了藏于地下5米处的惊天秘密——秦始皇陵兵马俑。经过40余年的考古发掘，一、二、三号坑的武士俑7000件，战车100辆，战马100匹呈现在人们面前，它们像一支威武的军团，"守卫"着秦始皇陵。秦始皇是中国历史上第一个称皇帝的君主，建立了中国历史上第一个中央集权的统一的封建王朝——秦朝（前221—前206）。

　　这些陶俑身材高大，基本按真人大小制作，包括士兵和军吏，按照排兵布阵的方式放置，如同正在战场上作战的军队。而士兵又分步兵、骑兵、车兵，他们不但装备和武器不一样，连姿势、脸型、身材、表情、眉毛、眼睛都有不同之处。其中，三号坑被认为是一、二号坑的军事指挥部，这是世界考古史上发现时代最早的军事指挥部的形象资料。

　　秦始皇陵兵马俑，除了具有相当高的历史文化和军事价值外，在雕塑艺术方面也备受称颂。工匠们生动地塑造

了多种各具性格的人物形象，这是中国古代雕塑艺术臻于成熟的标志。1987年，秦始皇陵及兵马俑坑被联合国教科文组织批准列入《世界遗产名录》。

秦始皇陵铜车马 〉秦始皇的"原版车模"

秦始皇出行，坐什么样的车？隔着遥远的时空，我们难以想象。但是，很"体贴"的秦始皇让工匠做了一对全手工打造的"车模"，把他的车驾模样形象地呈现在后人面前。

1980年，考古工作者在秦始皇帝陵封土西侧地下7.8米的地方，发掘出两乘大型彩绘铜车马——高车和安车。这对铜车马，按秦始皇御用车队中两辆车的1/2比例缩小制成，算是"原版车模"，是迄今中国发现的体形最大、装饰

最华丽，结构和系驾最逼真、最完整的古代铜车马，被誉为"青铜之冠"。

两辆车都是4匹马来拉动，其中的高车四面敞露，车内竖立着一个高杠铜伞，车上配有铜弩、铜盾、铜箭镞等兵器。它是一辆兵车，在皇帝车队中，主要用来开道、警卫和征伐。而安车则有后室供主人乘坐。后室全封闭，开有门和窗，装饰豪华精美，可坐可卧，适合皇帝出巡时长途旅行，堪称豪华卧铺车。

此前发现的古代车辆都是木制，出土时都腐朽了，所以关于古代车辆的形制和结构，人们争议颇多。而这对铜马车出土时虽然也被压坏了，但整体都在原地，构件齐全，组装修复之后，很完整地呈现了古代车辆形制、结构和工艺等形态。这也解答了史学界的很多疑惑。

宝鸡青铜器博物院

　　公元前11世纪，周王朝先祖之一古公亶父，率族人迁徙到岐山下的周原（今陕西省宝鸡市岐山县），因此，宝鸡是周王朝的发祥之地。宝鸡出土了大盂鼎、散氏盘、毛公鼎、虢季子白盘、何尊、大克鼎等诸多国宝级文物，被誉为"青铜器之乡"。宝鸡青铜器博物院是中国最大的青铜器博物馆，馆藏文物12761件(组)。其基本陈列"青铜铸文明"，荟萃了宝鸡地区出土的商周青铜器1500多件，凤鸟纹方座簋、逨盘、墙盘、秦公钟、王盂圈足等广受关注。

何尊 〉 "中国"一词最早的文字记载

　　"中国"这个称呼，是什么时候有的呢？在陕西省宝鸡市宝鸡县贾村镇（今宝鸡市陈仓区）出土的这件何尊告诉我们，至迟在西周早期，就已经有"中国"这个说法了。

　　何尊最早于1963年被一个农民挖出来，农民不知道它的宝贵，将其卖到了废品收购站。后来，宝鸡市的文物工作者发现了它，但也只把它当作普通的青铜器文物来收藏。直到1975年，这个铜尊出国展出，上海博物馆馆长马承源发现了其中的奥秘，才知道它简直就是镇国之宝，并将它命名为"何尊"。

　　何尊是西周早期贵族"何"铸造的一件青铜酒器，通高38.5厘米，造型图案极为精美。它最大的价值，在于铸于内底的12行122字铭文。大意是说，成王在其亲政5年时，于新建成的东都洛邑对其下属"宗小子"发出训诰。由于这段铭文记载了周成王营建洛邑陪都的重要历史事件，因此有很大的史料价值。

　　而铭文中最为亮眼的，是其中一句"余其宅兹中国"，大意是"我要住在天下的中央地区"。它是"中国"

一词最早的文字记载，因此称它为中国的镇国之宝，一点
都不为过。

甘肃省博物馆

　　甘肃地处黄土高原、青藏高原和内蒙古高原交汇地带，古丝绸之路从这里穿过，曾是古代沟通东西方文明的文化通道，境内因此留下麦积山石窟、敦煌莫高窟等文化瑰宝。甘肃省博物馆坐落于黄河之滨，馆藏珍贵历史文物、自然标本8万余件(组)，汇集了甘肃从远古时期到近现代的大量文化珍宝，尤以新石器时代彩陶、汉代简牍文书、汉唐丝绸之路珍品、佛教艺术粹宝、古生物化石等珍贵文物独具特色。永乐款鎏金菩萨坐像、复道三角纹圜底彩陶罐、葫芦形网纹彩陶壶、铜奔马等代表性文物极为珍贵。

铜奔马 ｜ 中国旅游标志

　　这件铜奔马更广为人知的名称是"马踏飞燕"，于1969年9月出土于甘肃省武威市雷台汉墓。

　　雷台是前凉（317—376）国王张茂所筑灵钧台，台上为祭祀场所，现有明清时期的古建筑群雷祖殿、三星斗姆

殿等。但意外的是，1969年人们在施工挖地道时，却发现雷台下藏着一座东汉（25—220）晚期的墓地。墓里出土了金、银、铜等文物231件。最引人注目的，是由99件铜车马组成的仪仗俑。而这些仪仗俑中最前面的铜奔马，艺术价值最高。

这件铜奔马呈疾足奔驰、昂首嘶鸣的状态，造型矫健精美。只见它三足腾空，一足超掠飞鹰，而飞鹰则呈惊慌回首状，整体上对马飞速奔跑的动态感进行了生动表现。专家介绍说，铜奔马塑造的是一匹中国古代的良驹，集西域马和蒙古马等马种的优点于一身。整件铜奔马构思极为巧妙，铸造工艺也十分先进。

铜奔马刚出土时，其足下的飞鸟被误认为是燕子，因此命名"马踏飞燕"。但后来专家们分析认为，它应该是一只飞鹰类的鸟，为了表达准确，才更名为"铜奔马"，但"马踏飞燕"的名称早已为世人所知。

作为东、西方文化交往的使者和象征，1983年10月，铜奔马被确定为中国旅游标志。

敦煌莫高窟

　　莫高窟，俗称千佛洞，位于河西走廊的西端、甘肃省敦煌市东南25千米处，与河南洛阳龙门石窟、山西大同云冈石窟、甘肃天水麦积山石窟并称中国四大石窟。莫高窟始建于十六国的前秦时期，延续10个朝代。现存十六国（304—439）、北朝（386—581）、隋（581—618）、唐（618—907）、五代（907—960）、西夏（1038—1227）、元代（1206—1368）等各代壁画和塑像的洞窟492个，壁画4.5万平方米、泥质彩塑2415尊，是世界上现存规模最大、内容最丰富的佛教艺术地。1987年，莫高窟被列为世界文化遗产。

莫高窟壁画 ⟩ "丝绸之路"上的艺术宝藏

　　莫高窟上下5层，高低错落，南北长1600多米。各窟均是洞窟建筑、彩塑、绘画三位一体的综合性艺术宝库，最大者200多平方米，最小者不足1平方米，现存有绘画、彩塑的洞窟共492个。而其中4.5万平方米的壁画，则最为惊艳。

　　最早在莫高窟凿窟的人是从丝绸之路进入中原的僧人。石窟壁画绘于洞窟的四壁、窟顶和佛龛内，富丽多彩，故事情节生动，大都是佛教内容，涉及佛教经典和佛教史迹等，也有当时人们进行生产生活的各种场面等。

　　广为人知的飞天女神反弹琵琶造型就出自莫高窟壁画。飞天是侍奉佛陀和帝释天的神仙，能歌善舞。在莫高窟的壁画中，飞天随处可见，它们或在天空中飘舞，或在楼宇间轻盈飘过，显得灵动而舒展。飞天，已经成为敦煌的城市名片。

　　作为丝绸之路的重要节点，敦煌是东西方文化的交汇之处。莫高窟各朝代壁画表现出不同的绘画风格，反映出当时的政治、经济和文化状况，有强烈的时代特征，为中国美术史、古代风俗研究提供了重要实物，也是丝绸之路曾经繁荣的见证。

宁夏回族自治区博物馆

宁夏回族自治区位于中国西北部的黄河中上游地区，有"塞上江南"的美称。截至2019年，宁夏回族自治区博物馆馆藏文物总数为51298件，文物种类丰富，具有鲜明的地方特色和民族特色，西夏文物、北方青铜器的收藏数量和质量尤其瞩目，贺兰山岩画、红军西征和陕甘宁边区时期的革命文物也很有代表性。胡旋舞石刻墓门、鎏金铜牛、力士志文支座被鉴定确认为国宝级文物。有"朔色长天——宁夏通史陈列""石刻史书——宁夏岩画展"等常设展览。

鎏金铜牛 ｜ 西夏王朝"第一牛"

在宋辽时期，中国西部地区曾有一个与辽和北宋鼎足而立，但又在短短的189年后灭亡消失的王国。这个王国，

就是神秘的西夏王朝（1038—1227）。

西夏由党项人创立，都城在兴庆（今宁夏银川市）。他们自创了文字"西夏文"，在敦煌和黑水城就曾出土大量的西夏文献。但西夏在被蒙古铁骑所灭时，文物、典籍等都遭到毁灭性的破坏，后来元朝人修史时，又有意忽略了西夏，以至于西夏的历史被湮没，成为常人不了解的"神秘王朝"。

这件鎏金铜牛出土于宁夏银川贺兰山西夏陵区西夏王陵的陪葬墓。铜牛长120厘米，由青铜铸造而成，中间是空心的，外表则全部以鎏金工艺镀成金色。牛蜷屈四肢卧倒，两只眼睛看着远方，整体显得体态健壮、比例匀称、形象逼真，显示出西夏王朝在青铜铸造方面高超的工艺。

另外，在西夏王陵的陪葬墓出土这样的铜牛，也反映出西夏发达的农耕文明。党项族本是游牧民族，后来也开始发展农业，积极向汉族学习先进的耕种技术，已普遍使用铁制农具和牛耕，农耕文化得到迅速发展。

青海省博物馆

　　青海省因境内有中国最大的内陆咸水湖——青海湖而得名。在旧石器时代晚期，已有人类生活在今青海省的柴达木盆地、昆仑山一带。青海省博物馆有馆藏文物约 1.5 万件（套），以新石器时代彩陶和民族宗教类文物最具特色，涉及宗教、民俗、政治、经济、军事、生产生活等多个领域。常设展览有青海历史文物展、青海非物质文化遗产展，弦纹网纹彩陶壶、舞蹈纹彩陶盆、齐家文化双大耳红陶罐、唐黄地联珠团窠对马锦等珍贵文物尤其值得关注。

舞蹈纹彩陶盆 〉史前人类的欢快"锅庄舞"

　　如果你热爱旅行，探访中国一些少数民族地区，就能欣赏到一种民族舞蹈——锅庄舞。人们围着火堆，手拉着手载歌载舞。而这种舞蹈，起源于哪里呢？青海省博物馆收藏的这只新石器时代舞蹈纹彩陶盆，或许能让我们看到其久远的源头——早在史前文明时代，人类就

开始跳类似的舞蹈了。

　　舞蹈纹彩陶盆出土于青海省海南藏族自治州同德县宗日遗址，距今 5000 多年。它高 12.5 厘米，口径 24.2 厘米，绘有黑彩纹饰。除了一些三角纹、斜线纹和平行弦纹，最引人注目的，是内口沿内壁的两组手拉手群舞的人体图形。这两组人形彩绘图，一共有 24 人，一组 11 人，一组 13 人。这些人物都戴有宽大的头饰，看上去明显是在有节奏地跳舞，很容易就让人联想到锅庄舞。如果将陶盆里装上清水，则像一群人围着池塘跳舞，水里还有人们舞姿的倒影。

　　在中国国家博物馆，还收藏着另一只舞蹈纹彩陶盆。它出土于青海省大通县上孙家寨墓地，同样是新石器时代后期陶器。不同的是，陶器上的彩绘人物共有 15 人，而且被分成了 3 组，颜色也更为鲜艳。

　　这些彩陶盆上的画面，体现了史前人类的生活状态、审美观和艺术表达力。同时，对研究高原早期民族如藏族、羌族的历史起源、社会发展都有很重要的意义。

新疆维吾尔自治区博物馆

　　新疆维吾尔自治区位于中国西北边陲，是中国5个少数民族自治区之一。公元前60年，西汉中央政权设立西域都护府，新疆正式成为中国领土的一部分。新疆维吾尔自治区博物馆于1959年成立，收藏着新疆地区已发掘的历史文物、民族文物、革命文物等5万余件，有大量汉唐丝织品、古代毛织品、多种文字书写的文书简牍、木雕、泥塑俑像、书画、青铜器等。此外，还有部分古生物化石和古尸标本等。基本陈列有"新疆历史文物""新疆民族民俗"。

"五星出东方利中国"织锦护膊 ｜ 吉瑞天象守护国运昌盛

　　西汉时期，在中国西部尼雅河畔的绿洲，有一个只有3000多人的城邦小国，名为精绝国。在东汉后期，精绝国灭亡，从此消失在历史的烟尘中。

　　1901年，位于新疆北部民丰县沙漠中的尼雅遗址被发现，其前身正是古精绝国。1995年，考古人员发掘了尼雅遗址1号墓地，在这里出土了引起轰动的"五星出东方利中国"织锦护膊。

　　这块织锦护膊是一块来自四川的蜀锦，捆在墓地中男尸的胳膊上，长18.5厘米、宽12.5厘米，用青赤黄白绿五色织出五峰五星图案，上面织有上下两组各8个汉字："五星出东方利中国"。专家分析认为，"五星出东方利中国"出自《史记·天官书》："五星分天之中，积于东方，中国利；积于西方，外国用（兵）者利"。它的纹样和文字是根据当时广泛流行的五行学说而设计的。五大行星聚会的天象，被认为有利于中国的军国大事。

　　而在同时，考古人员还发现另一块残破的锦，上面有

"讨南羌"的字样。有专家认为，这3个字跟前者是连在一起的，即"五星出东方利中国讨南羌"，应该是当时中央王朝为了祈祷政治和军事上的顺利和成功，将有利的天象占辞运用于讨伐羌人的军事行动中。

这块锦虽然尺寸不大，但内容丰富、织造工艺复杂，是汉代织锦最高技术的体现，极其珍贵。